D1998529

Juni 08

Für
Anne P.
herzlich
Oli G.

ELFRIEDE GERDENITS

Der Z-Faktor

Erfolgreich und Zufrieden im Job

UEBERREUTER

Elfriede Gerdenits

Geboren 1958. Ö3- und ORF-Jobcoach, Autorin von sechs Sachbüchern und zwei Romanen. Mit über 25.000 Klienten der routiniertesste Karrierecoach Österreichs, Expertin für Job und Karriere in Printmedien. Trainer, Coach, Referentin und Moderatorin.

ISBN 978-3-8000-7397-9

Alle Urheberrechte, insbesondere das Recht der Vervielfältigung, Verbreitung und öffentlichen Wiedergabe in jeder Form, einschließlich einer Verwertung in elektronischen Medien, der reprografischen Vervielfältigung, einer digitalen Verbreitung und der Aufnahme in Datenbanken, ausdrücklich vorbehalten.

Coverfoto, Fotos: Thomas Maria Laimgruber, www.laimgruber.com
Covergestaltung, Layout: Ursula Kothgasser, www.koco.at
Copyright © 2009 by Verlag Carl Ueberreuter, Wien
Druck: Westermann Druck Zwickau, Germany
7 6 5 4 3 2 1

Ueberreuter im Internet: www.ueberreuter.at

Inhalt

3 So erhöhen Sie Ihren Z-Faktor

4 Berufliche Veränderung konkret

5 Be-Sinnung

6 Veränderung beginnt jetzt!

Geh und kauf dir eine Schürze, die dir gut passt!

Geleitwort von Frithjof Bergmann

Ich wusste, dass Edith ganz außerordentlich begabt ist. Ihre Mutter, eine meiner engsten Mitarbeiterinnen in Südafrika, hatte sie mir oft und ausführlich beschrieben. Sie hatte ihr Herz nicht ausgeschüttet, aber doch tropfen lassen. Edith versuchte sehr unterschiedliche Dinge, aber leider immer nur für ganz kurze Zeit, und auf besorgniserregende Art flog sie weiter, »von Blume zu Blume«.

Ich hatte ein beratendes Gespräch versprochen. Edith kam, sie sah aus wie eine der von magischer Schönheit besessenen schwarzen Frauen in Leni Riefenstahls Buch über die Nubier. Zu den anfänglichen verlegenen Fragen sagte sie: Ja. Sie könne gut tippen. Ja. Auch die wichtigsten Computerprogramme könnte sie aus dem Effeff.

Ich winkte ab, nicht sanft, eher schroff. »Nicht für dich. Kommt nicht in Frage. Die Bezahlung ist jämmerlich.« Direkt danach griff ich zu: »Hast du dich schon im Ernst und mit Genauigkeit, sozusagen mit zusammengekniffenen Augen, wiederholt und hart, mit deiner ganzen Kraft gefragt: ›Gibt es etwas, für das ich klar und auf Anhieb überzeugend begabt bin?‹«

Sie neigte ihren Kopf seitwärts und schaute lächelnd nach oben. Mit den fein gegliederten Fingern der einen Hand zupfte sie an den Fingern ihrer anderen Hand. Ich fragte: »Kleider? Als Model?«

Wir redeten ein wenig über die Korruption, das Drähteziehen in dieser Welt und mehr, über die Notwendigkeit, sich von Bett zu Bett nach oben zu schlafen.

»Kleider verkaufen?«, war meine nächste Frage.

Ihr Ton war bisher zerstreut, naschend, wie Schmetterlingflügel flatternd gewesen, aber dann eine Pause, und in dieser Pause vielleicht ein wenig von dem, was ich in zwanzig Jahren gelernt habe: kein öliges, weitergleitendes Wort. Nein, das Gegenteil: Ich tat, was ich konnte, um den

Druck der Stille zu verstärken. Mit meinem Ausdruck, meinen Augen, versuchte ich ihr zu sagen: »Halt! Absolutes, totales Halt! Zerbrich diese Stille jetzt nicht!«

Die Lautlosigkeit wurde erdrückend, dann brachen aus ihr, wie in einem tief ausgestoßenen Seufzer, vier Worte hervor: »I love to cook!«

Ich blinzelte vor Erstaunen: Sie war plötzlich viel jünger geworden, ein Mädchen von etwa zwölf, schlicht, einfach, sie hatte das gesagt wie ein um eine Frucht bittendes Kind. Ich fuhr fort: »Edith, darf ich dir jetzt etwas sagen? In unserer Welt, in der jeder einen Stein mit sich trägt, mit dem er sein Messer allstündlich scharf wetzen kann, da ist das Finden der einen Begabung, die du hast, nicht ein Luxus, nicht eine Arroganz, schon ganz und gar nicht eine Frechheit, nein und nein: Es ist eine lebenserhaltende Notwendigkeit! Wenn es dir nicht gelingt, das Segel von diesem Wunsch, der sich in dir regt, ganz zu entfalten, und den Wind in diesem Segel zu fangen, dann bist du zum Marathon-Rennen mit Kieseln in deinen Schuhen gekommen.

Es gibt einen Teufel, der flüstert dir ein, dass alles Dreck ist, und was für einen Job du haben wirst, kann dir deshalb völlig wurscht sein. Einfach das Nächstliegende, sich geil Anbietende, wahllos zu tun, selbst wenn es dir keinen Spaß macht – du musst erkennen, dass dies nicht nur gefährlich, sondern selbstmörderisch ist. Es ist, als ob du dich von der Spitze eines hohen Turms in die Luft wirfst, in dem stupiden Glauben, dass die Flügel dir schon während des Absturzes aus den Schultern herausplatzen werden.

Den Gleichgültigen, den Mir-ist-doch-alles-Egalen, wachsen absolut keine Flügel. Im Gegenteil, sie stürzen weiter von Stufe zu Stufe, bis sie auf einem Platz vor einem Bahnhof landen, wie von Dreschflegeln geschlagen, nicht mehr ein Körper, kaum noch Substanz, nur noch ein erstickendes Schluchzen.

Und da ist der Unterschied, Kern von dem Gegensatz, den du beim Schopf fassen musst. Vielleicht ist es in deinem Fall Kochen, obwohl deine Mutter dich wie eine Prinzessin erzogen hat und nur die Diener bei euch in einem Suppentopf rührten. Der Eindruck, den du machst, ist der von einer Frau, die eine riesige in Staubwolken wandernde Herde von Nashörnern, Giraffen, Tigern quer durch Afrika führen könnte. Aber lass das nicht das Entscheidende sein.

Die Welt, in der wir jetzt leben, ist wie die Umstülpung von dem bis ins Kleinste geordneten Dasein, das deine Großeltern im Dorf noch wie ein fortwährendes Ritual, wie eine mit aller Vorsicht besorgte andauernde Feier erlebten.

Dir brauche ich das nicht zu erklären: Du weißt besser als viele, dass der Kontrast zwischen einem ursprünglichen Dorf und einem jetzigen Slum gar nicht schreiender, Himmel und Erde spaltender sein könnte. Und das ist der Grund: Nichts ist gefährlicher in unserer messerwetzenden Welt als der Spruch: ›Was soll's? Irgendeinen Job. Auf den ersten, der mir über den Weg läuft, lass ich mich fallen wie ein Sack.‹

Und nichts ist in unserer Welt so nötig wie die Suche nach dem einen in dir schlummernden Talent oder dem einen von der Asche schon fast erstickten, aber doch gerade noch atmenden Wunsch. Wenn du trotz deiner Mutter und trotz deiner feministischen Überzeugungen kochen willst, wenn das in dir brodelt und dampft, dann geh und kauf dir eine Schürze, die dir gut passt!«

***

Sie schaute mich an und wiegte ihren Körper sanft auf eine Art, die mir zeigte, was Tanz ganz ursprünglich am Anfang war. Ich meinerseits, gegenüber, an dem kleinen uns trennenden Tisch, versuchte mit meinen Vergleichen weiter das Grau für sie zu spalten, es dazu zu bringen, dass wie bei einem Wunder sich etwas teilt, sodass die Mitte bloß liegt und der Gegensatz, der Kontrast, auf den es ankommt, sich zeigt.

Unsere Art, über die Arbeit zu denken, ist uns eindressiert worden, wie einem zu Gedudel tanzenden Zirkushündchen. Das Zelt muss erst einstürzen, damit wir wieder mit vier Beinen den Boden berühren.

Ich holte tief Atem, nahm ihre beiden Hände in meine, drückte kräftig zu, und sagte: »Liebe, liebe Edith, können wir noch einmal ganz von vorne anfangen? So voll von himmelhoch jauchzender Glückseligkeit ist das Hinauf und das Hinunter natürlich nicht. Ja, doch, es gibt Ausnahmen, Bilderbuchreklamebeispiele, bei denen die Suche nach dem, was man liebt, gleichzeitig auch die Stiege zum materiellen Erfolg wird. Und ja, mit allem Tand, der dazugehört: Mit dem Haus, in dem sieben Spielplätze eingebaut sind, mit der Flotte von Autos, mit Garten und Bediensteten.

Aber schau dir doch die wirkliche Welt nur ein kleines bisschen an: In der Menge von kolossalen Betrieben, die ich erlebt habe, hatte eine gute Idee oft genug die Verbannung nach dem Äquivalent von Sibirien zur Folge. Und selbst in Universitäten, den angeblichen Kathedralen des freien Denkens, ist das ebenso. Man muss unterwürfig in den auf dem Parkett vorgezeichneten Mustern tanzen. Ein Schritt aus der Reihe kann lebenslänglichen Ausschluss nach sich ziehen. Nein. In unserer Welt, und besonders in unserer Wirtschaft, so wie sie jetzt ist, wird die Hingabe an eine wirklich eigene Idee alles andere als belohnt: Man wird zum bunten Vogel, den die grauen Vögel mit ihren Schnäbeln zerfleischen.

Und das Umgekehrte natürlich auch: Die Passivität, die Trägheit erzeugt ein methanartiges Gas: Das bläht die Ängstlichen, die Zaudernden, die Vorsichtigen auf und gedunsen steigen sie dann zu immer höheren Etagen hinauf.

Aber Vorsicht! Vorsicht! Missversteh das jetzt bitte nicht noch einmal, nur auf die umgedrehte Art. Du, Edith, könntest mit Kochen absolut großen Erfolg haben. Natürlich und wie. Trotzdem stehen wir jetzt haargenau auf dem archimedischen Punkt. Was soll das heißen: Erfolg? Und schon gar, was ist die beste Definition von diesem Wort? Nein, was kannst du erwarten? Oder, mehr auf den Zahn gefühlt: Was kann ich sagen, ohne dich zu belügen? Was kann ich dir als Hoffnung anbieten, das nicht ein lauwarmer Schmarren ist, sondern etwas, an das ich selbst, auch wenn man mir Daumenschrauben anlegt, tatsächlich glaube?

Also, das Haus mit den sieben Spielplätzen und der Flotte von Autos, und nicht einmal eine spektakuläre Küche in einem vor Sternen nur so glitzernden Restaurant und vier Hauben zu deinem Namen, es tut mir leid, aber ich kann dir das nicht versprechen. Selbst, wenn du mit Mut von Stelle zu Stelle springst, und selbst, wenn du märchenhaft kochst – einen Schein, mit der Garantie fett draufgedruckt, den kann dir niemand geben.

Leider ist das auch für viele andere so. Selbst wenn sie einen Roman oder eine Komposition mit ihrem Blut schreiben oder Tag und Nacht Boxen trainieren, ob am Ende der große Triumph zu feiern sein wird, das wissen nicht einmal die Blätter im Tee.

Aber drei Dinge kann ich dir ehrlich auf den Tisch legen. Zum Ersten ist da der Unterschied in der Kraft. Die, die sich wie Mist mit ihrem Mir-ist-doch-alles-Gleich treiben lassen, die landen nicht selten als Penner auf dem Bahnhofsplatz. Das stimmt schon. Aber das muss absolut nicht so äußerlich sein. Das Kostüm kann anders aussehen, und der Platz kann auch ein Vorstandszimmer sein. Auf das, was unter dem Anzug ist, kommt es an. Und wenn man passiv und in der Überzeugung der eigenen Ohnmacht lebt, dann ist die Gefahr sehr groß, dass man in einer Arbeit stecken bleibt, die einen auslaugt und abstumpft. Das kann auch als Arzt, Rechtsanwalt oder Professor sein, Arbeit, die langsam abtötet, was man an Geist hat.

Wenn du stattdessen den Versuch machst, mit deinen Fingernägeln immer tiefer in das Gestein, das du bist, hineinzugraben, und deine Arbeit dir hilft, dich dabei zutage zu bringen, dann wirst du von Monat zu Monat stärker und kräftiger werden. Urlaub, wirst du nach einer Strecke dieser Arbeit fragen, was soll's? Energie ist der göttlichste Genuss. Im tunesischen Sand liegen und jeden Tag noch fauler werden, das will ich von mir wegtreiben mit einer Axt. Arbeit, die man tun will, ist eine Nahrung, die einen mehr stärkt als die teuersten Pillen. Das kann ich dir, Edith, ohne Scham sagen: Wenn bei dir das Kochen in dem letzten, innersten Kämmerlein deiner Seele anfängt, dann könnte es dir, ohne Flausen, mehr Kraft geben als alle Sportarten und Diäten zusammen in einen Teppich gewebt.

Das Zweite, das ich dir hier auf diesem Tisch servieren kann, hat mit dem ›Sinn‹ zu tun. Von deiner persönlichen Familien-Vorgeschichte her verstehst du sehr gut, wie viel uns abhandengekommen ist. Die moderne Kultur ist ein Überbleibsel. Verloren haben wir fast alles, was mit dem Religiösen zu tun hat, und ich denke nicht an den nicht mehr glaubhaften Gott, sondern daran, was Festtage, Feiern und Rituale einmal waren, was eine vielverästelte, den halben Stamm umfassende Familie bedeutete, bevor wir zu Singles wurden. All das, in seiner sprudelnden Buntheit, alles zusammengefasst, gab unserem Leben in vergangenen Zeiten das, was wir jetzt ›Sinn‹ nennen und als verstorben beklagen.

Grob und mit einem Schlag gesagt: Wenn man, ›Sinn‹ in seinem Leben haben will, in der abgemähten Stoppelfeldkultur, in der wir jetzt leben, dann nur noch auf einem Weg – dem der Arbeit. Von den bombastischen sozialen Träumen sind wir mit Schreckensschreien aufgewacht, und alles andere, das unserem Leben von außen her Sinn geben könnte, hat sich mittlerweile in Dampf aufgelöst. Das noch Bleibende ist die Arbeit.

Wenn ich meine Arbeit, auf einem Diwan liegend, im Dämmerschlaf verrichte, dann habe ich diese letzte Chance verpasst. Wenn es mir gelingt, meinem Dasein durch meine Arbeit einen Glanz von Leidenschaft und ein Ziel zu verleihen, dann kann ich damit die Verluste, an denen wir in der modernen Kultur leiden, zum großen Teil ausgleichen. ›Sinn‹ ist in den Ohren von vielen ein anspruchsvolles und hochfliegendes Wort. Viel weniger würde für sie schon genügen: nämlich zumindestens wenigstens Leben. Aber sogar das, vielleicht Allerelementarste, ist ihnen versagt. Es erinnert an den großartigen Satz von Samuel Beckett: ›Dead – enough to be buried.‹ Was er meint, ist, dass die Großzahl unserer Mitlebenden etwas genauer genommen schon längst tot ist. Was sie schon im achtzehnten oder zwanzigsten Jahr umgebracht hat, ist nicht klar. Unverkennbar ist nur, dass sie nicht wirklich leben, aber eben noch nicht so gänzlich kalt und regungslos sind, dass es sie zu begraben notwendig wird.

Lebendigkeit ist das Dritte, liebe Edith, das ich mit Arbeit verbinden würde. Ebenso wie vorhin kann man sagen, dass unsere Kultur so zurückweisend und nichtnährend ist, dass die natürlichste Entwicklung ein Nicht-Leben ist. Grauenvoll dabei ist, dass es so wie bei im Honig hängengebliebenen Fliegen ist: Eine Handlung zu initiieren ist gänzlich unmöglich geworden, aber man klebt in einem begehrten und süßen Stoff. Man verhungert und verdurstet und erstickt dabei, aber die Illusion, ›dass es uns doch gut geht‹, bleibt durch den Honig bestehen. Erlaub mir noch einmal zu sagen, dass eine Arbeit zu finden, die ihre Wurzeln in deiner tiefsten Quelle hat, möglicherweise der einzige Ausweg – oder genauer – der Weg hinauf zum Leben ist. Das Doppelte, das diese Art von Arbeit uns gibt, nämlich eine ständig zunehmende Kraft und auch eine Vielfalt, in der ein Sinn entsteht, diese zwei verhindern, dass man im Honig hinsiecht.

Der Mensch ist nicht erhaben über den Rest der Natur. Eher das Gegenteil. Am Anfang seines Wegs wurde er verbannt, ausgestoßen aus dem Garten der Natur, und seitdem ist er das schwierigste, das am tiefsten gespaltene, das mit sich selbst entzweiteste Wesen. Die Folgen davon sind schmerzlich und klar und mit einem Fluch verbunden. Ein kindlicher Vergleich könnte nützlich sein: Stell dir einen Vogel vor, der keine Beine hat. Wenn er landet, kann er sich nie wieder erheben. Seine Flügel werden mit einer Wildheit, die er nicht beherrschen kann, um ihn her auf den Boden schlagen, bis seine Schwingen blutige Knäuel sind und der Vogel zerbrochen stirbt.

Der Mensch ist dazu verurteilt, nicht landen zu können, er muss weiter und weiter seine Flügel schlagen. Dass dich das Fliegen hintragen wird zum großen Erfolg, zur spektakulären Küche und den vier Hauben, das wird ungewiss bleiben. Aber diese drei anderen Dinge, die zwar weniger greifbar, aber am Ende trotzdem viel gewichtiger sind, die kann ich sanft, aber direkt für dich auf diesen Tisch legen.«

Alle Worte für das, worum es hier geht, sind zu flachen, abgenützten Blechstückchen geworden. Elfi Gerdenits spricht vom **Z-Faktor,** ich habe für dieses Vorwort die Worte **Kraft, Sinn** und **Leben** benutzt. Die Überschneidungen sind eklatant, die Differenzen selbstredend auch. Welche Worte man wählt, ist nebensächlich.

Das vor Ihnen liegende Buch könnte mit einem Weg oder auch einer Brücke verglichen werden. Es spannt einen Bogen von der einen Seite bis zum anderen Ufer. Es beschreibt diesen Weg von einem Merkmal zum nächsten und begleitet Sie, als Leser, über den nicht immer breiten und manchmal Schwindel verursachenden Pfad. Die Absicht dieses Vorworts war, Ihnen den Anfang dieses Weges, die ersten Stufen, die zu dieser Brücke hinaufführen, zu zeigen. Weil dieser Unterschied für Ihr Leben ausschlaggebende Bedeutung hat – deshalb, bitte lesen Sie – fangen Sie an!

Frithjof Bergmann, August 2008 • www.newwork-newculture.net

Vorwort

Als ORF- und Ö3-Jobcoach bin ich schon von Berufs wegen ständig mit Menschen konfrontiert, die mit ihrem Job bzw. in ihrem Job unzufrieden sind.

Die sich mehr oder weniger konstruktiv damit auseinandersetzen, dass »etwas nicht passt«. Für die meisten von ihnen scheint die logische Konsequenz daraus, über einen Berufswechsel nachzudenken, weil sie davon ausgehen, dass *anders* in jedem Fall auch *besser* bedeuten müsste. Diese Rechnung geht auf, aber nur gelegentlich. Viele schleppen ihre Unzufriedenheit von einem zum anderen Unternehmen mit und – was besonders schlimm ist – stecken auf dieser Tournee auch noch viele andere an. Berufsunzufriedenheit ist nun mal eine ziemlich infektiöse Sache. Zugegeben, nicht jedes Unternehmen achtet und respektiert seine Mitarbeiter, geht seriös mit deren Bedürfnissen um, setzt die Mitarbeiter ihren Fähigkeiten entsprechend ein, entlohnt leistungsgerecht, hat spannende Aufgaben zu vergeben.

Die Gegebenheiten, das berufliche Umfeld sind eine Sache. Die individuelle Berufszufriedenheit hat aber auch mit den eigenen Einstellungen, den Erwartungen zu tun. Wie sonst könnte es sein, dass ich einen trotz Eiseskälte glücklich vor sich hinpfeifenden Straßenkehrer kenne und eine achtzig Stunden arbeitende Notfallmedizinerin, die ihren Job grenzenlos liebt?

Wenn es in Ihrem Job nicht mehr so läuft, wenn Sie unzufrieden sind mit Ihrem beruflichen Alltag, sollten Sie bald etwas unternehmen. Auf bessere Zeiten zu warten oder darauf, dass andere sich Ihrer Unzufriedenheit annehmen, damit sollten Sie nicht spekulieren.

Nehmen Sie die Sache selbst in die Hand. Frithjof Bergmann nennt drei wesentliche Faktoren: Kraft, Sinn und Leben.

Wie Sie diese drei Quellen richtig anzapfen und für sich nutzbar machen, zeige ich Ihnen in diesem Buch. Meine Einladung an Sie: Werden Sie so zufrieden, wie Sie es sich verdient haben. Und das, liebe Leserinnen und Leser, ist möglich. Für jeden Menschen, der bereit ist, Verantwortung zu übernehmen, und der mit Lust und Liebe damit beginnt, seine individuelle Berufszufriedenheit, seinen **Zufriedenheitsfaktor,** den **Z-Faktor,** zu verbessern. Es ist für jeden möglich und ganz besonders für Sie!

Kapitel 1
Aufbruch

In welchem Zug sitzen Sie?

Jeder wird im Augenblick seiner Geburt sozusagen in einen Zug gesetzt, den er sich selbst nicht aussuchen kann. In den ersten Lebensjahren entscheiden die Eltern, ob und wo man aussteigen, den Zug wechseln darf. Mit den Jahren ändert sich das. Während der Pubertät reißen wir sogar zwischen den Stationen jede Tür auf und nutzen die Möglichkeit des Absprungs. Unsere Eltern haben alle Hände voll zu tun, damit wir nicht unter die Räder kommen. Doch dann scheint es eine Weiche zu geben: Die einen haben sich auf ihrem Schienenstrang, in ihrem Zug gut eingerichtet. Es ist recht bequem, warm, man kennt die Mitreisenden ebenso gut wie die Bordküche und kommt gar nicht mehr auf die Idee, den Zug zu wechseln oder zumindest neugierig durch offene Türen zu schauen. Es passt alles – irgendwie. Über manches muss man sich ärgern, manches nervt, aber im Chor gejammert macht die Sache etwas leichter. Irgendwann fährt der Zug dann in die finale Station ein. Kurz davor ein flüchtiges Aufflackern, ein kleines Bedauern, immer im gleichen Zug gesessen zu sein. Doch was soll's, es hätte schlimmer kommen können. Und zum Absprung ist es jetzt ohnedies zu spät.

Die Menschen, die an der Weiche dem anderen Schienenstrang gefolgt sind, steigen an einer der nächsten Stationen aus, schauen sich um, sind erstaunt, springen auf den nächsten Zug, lernen neue Menschen kennen, fremde Gegenden. Sie sammeln Erfahrung, schätzen das Lernen, das Erfahren von Neuem. Und wenn sie einmal nicht mehr zufrieden sind mit der Richtung, in die sie fahren, wechseln sie wieder den Zug. Diesmal vielleicht in eine völlig andere Richtung. Die Menschen um sie herum haben eine andere Hautfarbe, sie sprechen fremde Sprachen, denken anders und ergänzen das bunte Puzzle der Eindrücke, die unsere Reisenden mittlerweile schon gesammelt haben. Vielleicht wechseln sie auch einmal die Rolle, werden vom Passagier zum Lokführer. Möglicherweise steigen sie einmal ganz aus dem Zug aus, bleiben eine Weile an einem Ort, bevor sie weiterfahren. Ihr Leben ist in Bewegung, und wenn der Zug dann in die Endstation einfährt, erzählen sie lange Geschichten von einem spannenden Dasein, das sie mit Zufriedenheit erfüllt hat.

In welchem Zug sitzen Sie?

....

In welchem Zug würden Sie gerne sitzen?

....

Welche Gründe finden Sie dafür, dass Sie den Zug nicht wechseln?

....

Was davon sind Ausreden?

....

Nobert wurde wegen meiner vierten Frage richtig böse auf mich. »Das sind keine Ausreden, es sind meine Lebensumstände, die es mir nicht erlauben, den Zug zu wechseln!«

Einverstanden, diese Antwort können Sie sich natürlich auch geben. Es ist die einfachste. Die, die am wenigsten Mut erfordert, die bequemste. Und die, die Sie garantiert davor schützt, ernsthaft über eine Veränderung nachdenken zu müssen. Doch diese Antwort beendet auch umgehend Ihren Versuch, Ihren Z-Faktor zu optimieren.

»Man gibt immer den Verhältnissen die Schuld für das, was man ist. Ich glaube nicht an die Verhältnisse. Diejenigen, die in der Welt vorankommen, gehen hin und suchen sich die Verhältnisse, die sie wollen, und wenn sie sie nicht finden können, schaffen sie sie selbst«, behauptete George B. Shaw. Und ich meine, dass es sich lohnt, darüber nachzudenken.

Umgelegt auf Norbert, einen frustrierten Unternehmer, bedeutete das: hohe betriebliche Anfangsinvestitionen, mäßige Geschäftsentwicklung, hohe Personalkosten, 80 Wochenarbeitsstunden, enorme Ausgaben für ein standesgemäßes Haus, ein Auto für die Stadt und eines fürs Gelände, ein drittes für die Frau, teure Hobbys, teure Garderobe, Übergewicht, ein leichter Hang zum Alkoholismus und ein schmerzhaftes Magengeschwür. »Angesichts Ihrer gesundheitlichen Beschwerden: Warum ist es Ihnen so wichtig, das alles zu erhalten?« – »Ich habe Jahre investiert, um mir das aufzubauen. Soll ich jetzt alles aufgeben?«

Nicht, wenn er bereit ist, sich mit seinem bescheidenen Z-Faktor und dem Magengeschwür zu arrangieren.

Fahren Sie selbst – oder werden Sie gefahren?

Macht, Ansehen, Status, Wichtigkeit, Geld und Besitz: Irgendwie scheinen viele von uns das Gleiche zu wollen. Ausgeglichenheit, Freude, Lust, Entspannung verschieben wir auf später.

Doch wann ist später? Weshalb verhalten sich viele Menschen wie Gartenzwerge? Einmal mit der Schaufel in den Garten gestellt, immer mit der Schaufel verbunden. Auch wenn die Schaufel viel zu schwer ist, schlecht in der Hand liegt? Gartenzwerge haben zugegebenermaßen wenig Potenzial, ihre eigene Lage großartig zu verändern. Aber was ist mit uns? Was hindert uns daran, die Schaufel gegen einen Kochlöffel zu tauschen, ein Buch oder zwei helfende Hände? Welche Ausreden erfinden wir dafür, den Zug nicht zu wechseln?

Professor Frithjof Bergmann spricht von einem Mangel an Begierde, wobei er dies nicht auf Besitz, sondern auf Lebensqualität und die Erfüllung nichtmaterieller Lebenswünsche bezieht.

Wir werden uns mit dieser so wichtigen Frage im Laufe des Buches noch einige Male beschäftigen. Sie sollten sich mit dieser so wichtigen Frage den Rest Ihres Lebens beschäftigen. Das Projekt »Erhöhung meines Z-Faktors« mit einem Balkenplan zu versehen, konsequent abzuarbeiten und sich dann entspannt zurückzulehnen, wird nicht klappen. Die Auseinandersetzung mit Ihrem Z-Faktor ist eine lebenslange.

Norbert wurde die Entscheidung vom Schicksal aus der Hand genommen: Aus dem Magengeschwür wurde Magenkrebs, der gemeinsam mit ihm vor einigen Monaten auf dem Wiener Zentralfriedhof beerdigt wurde.

Warum arbeiten Sie?

Ursprünglich diente Arbeit dazu, das eigene Leben und das der Sippe zu sichern. Es wurde gejagt, es wurde gekocht, es wurden Hütten errichtet und Felder bebaut. Es ging darum, das, was die Menschen zum Überleben brauchten, zu organisieren. Ansehen verschaffte sich zwar der geschickteste Jäger und die beste Heilerin, aber auch nur deshalb, weil sie durch ihr Zutun das Leben des Clans sicherten. Niemand wurde geehrt und geschätzt, weil er die höchste Hütte oder den dichtesten Pelzumhang hatte. Dies waren logische Resultate ihres Tuns, aber nicht Auslöser für Bewunderung und Achtung.

Auch heute arbeiten wir, um unsere Bedürfnisse zu stillen, aber dies über den Umweg des Geldes, des Einkommens. Wir arbeiten, um Geld zu verdienen, um damit jagen gehen zu können (Shoppen), uns ernähren zu können (Sushi, Prosciutto, Trüffel). Um unsere Hütten zu errichten (Terrasse, Wintergarten, geheizter Swimmingpool). Es geht aber längst nicht mehr nur darum, was wir zum Überleben brauchen, also um unsere Grundbedürfnisse, es geht zunehmend um das, was wir wollen (Wünsche).

Arbeit hat also sehr viel mit Einkommensgenerierung zu tun. Im Idealfall ist das aber nicht alles: Arbeit sollte auch ein Quell von Zufriedenheit sein, Erfüllung. Sie soll unser Selbstwertgefühl stärken, Sinn stiften, persönliche Verwirklichung unterstützen und fördern.

Und wie geht es *Ihnen?*

Die Arbeitswelt gerät aber heute aus den unterschiedlichsten Gründen aus den Fugen und verändert sich. Menschenkraft wird seit Beginn der Industrialisierung sukzessive durch Maschinenkraft ersetzt. Hirnleistungen überlassen wir immer mehr den Computern, die alle sechs Monate noch schneller und leistungsstärker werden. Die Halbwertszeit von Wissen ist teilweise schon kürzer als die von Technetium-99m, das mit einer Halbwertszeit von sechs Stunden auch nicht gerade zu den langlebigsten zählt.

In der Generation unserer Großeltern war es selbstverständlich, dass man einem Dienstgeber ein Leben lang treu war und umgekehrt von diesem auch lebenslänglich Arbeit und Lohn erwarten konnte. Man machte seinen Lehrabschluss, beendete sein Studium und band sich – ähnlich wie es in dieser Generation auch bei Ehen noch üblich war – lebenslänglich aneinander. In guten wie in schlechten Zeiten. Sicherheit durch Abhängigkeit.

Menschen, die heute am Beginn ihres Berufslebens stehen, werden bis zu ihrer Pensionierung – wenn es denn diesen Begriff dann überhaupt noch gibt – ihre Arbeitgeber öfter wechseln als ihr Auto. Sie werden handwerkliche Berufe lernen und als reine Kopfarbeiter weitermachen. Sie werden nach dem Erst- ein Zweitstudium machen, zwischen Angestelltendasein, freiberuflichem Status und Unternehmertum wechseln, mal im Inland, mal im Ausland tätig sein. Und sie werden einen Teil ihrer vermeintlichen Sicherheit aufgeben (müssen), um sich ihre Unabhängigkeit zu bewahren. Dem einen wird es schwerer fallen, dem anderen leichter. Möglich ist diese flexible Gestaltung grundsätzlich jedem.

Die Demografen oder Bevölkerungswissenschafter zeigen uns anhand von Statistiken, wie sich zum Beispiel der Arbeitsmarkt verändert, wie der Bildungsgrad der Berufseinsteiger sich verändert oder die Altersschichtung Berufstätiger, und leiten daraus Erklärungen ab. Oder versuchen dies zumindest. Als Propheten haben diese Wissenschaftler es naturgemäß schwerer als die Historiker.

Im Allgemeinen sind die Aussagen schlüssig, auf den Einzelnen umgelegt haben sie jedoch keine Aussagekraft. Nehmen wir zum Beispiel den Begriff ›Alter‹ her: Jeder von uns altert individuell (äußerlich und innerlich). Warum sich also nach wissenschaftlichen Aussagen richten, die uns beispielsweise klarmachen, dass Menschen im Durchschnitt mit 56 Jahren in Pension gehen oder die durchschnittliche Leistungsfähigkeit ab dem 47. Lebensjahr deutlich abnimmt?

Auch die Feststellung, dass Frauen nach der Geburt ihrer Kinder zu zwei Dritteln in Teilzeitjobs beschäftigt sind, muss für Sie keine Relevanz haben. Wichtig ist einzig und allein: Wie fühlen Sie sich mit 47, mit 56 oder nach der Geburt Ihres Kindes?

Andererseits haben die regelmäßigen Veröffentlichungen aktueller demografischer Daten einen Einfluss auf die Gesellschaft insgesamt. Es geht also um das gesellschaftliche Miteinander, denn die demografischen Entwicklungen wirken sich nicht nur auf die Unternehmen, sondern auch auf Konsumangebote und das Zusammenleben aus. Es wird künftig wesentlich mehr Ältere geben, die aber deutlich fitter sind als früher, später möglicherweise aber auch sehr lang versorgungsbedürftig durch die Gesellschaft bzw. das Sozialsystem sind. Davor darf man die Augen nicht verschließen.

Die ›Aussitzphase‹ der Restjahre – »Bis zur Pension schaffe ich es schon noch, und dann lasse ich es mir wirklich gut gehen« – wird immer länger. Es geht meistens nicht darum, die »paar Jahre zu überleben« – obwohl diese Haltung ja auch schon pervers genug ist –, nein, wir reden gegenwärtig bereits von Zeiträumen, die in Jahrzehnten zu zählen sind.

Erwerbsarbeit bis 70 ist keine Utopie, sondern wird immer realer. Sich die eigene Arbeitsfähigkeit zu erhalten und vor allem seinen Z-Faktor in regelmäßigen Abständen zu hinterfragen wird also zunehmend wichtig.

Wofür arbeiten Sie?

Der gerne immer wieder falsch interpretierte (Sozial-)Darwinismus, bei dem es niemals darum ging, dass die Stärkeren sich durchsetzen, sondern die Anpassungsfähigsten, erlebt fröhliche Urständ. Und so kam es, dass sich Frau Moser und Herr Huber heute, zu Beginn des dritten Jahrtausends, nicht mehr über das, was sie sind und tun, sondern über das, was sie haben, identifizieren.

Da ›Besitz‹ und ›vermehren‹ immer gemeinsam auftreten, ergibt sich daraus die lebenslange Notwendigkeit aus ›wenig‹ ›etwas‹ zu machen, aus ›etwas‹ ›viel‹, aus ›viel‹ ›mehr‹ und aus ›mehr‹ ›viel mehr‹. Von Erben und Lottogewinnern mal abgesehen dreht sich durch dieses Anspruchsdenken die Leistungsspirale naturgemäß immer schneller. Umgekehrt proportional sinkt sehr häufig der Z-Faktor.

Ich kann mitreden, ich habe dieses Spiel viele Jahre brav und ohne zu murren mitgespielt. Dann kam ein mehrmonatiges Sabbatical, das ich machte (machen musste), um wieder zu Kräften zu kommen, um wieder mehr arbeiten zu können, um mehr leisten zu können, um mir mehr leisten zu können ...

Diese Auszeit hatte neben dem Empowerment-Faktor jedoch noch ein ganz anderes Ergebnis. Ich begann mein Leben zu hinterfragen. Und ich erkannte, dass mein Z-Faktor so weit gesunken war, dass man zur Ortung einen Geigerzähler hätte einsetzen müssen. Ich stellte mir in der Zeit meines Sabbaticals viele Fragen. Eine davon lautete:

Z

WESHALB ARBEITE ICH EIGENTLICH?

Wie sehr ist Ihnen eigentlich bewusst, weshalb Sie arbeiten?

Ich arbeite, weil ....

Ich arbeite, weil ....

Ich arbeite, weil ....

Ich arbeite, weil ....

Ich arbeite, weil ....

Bitte keine allgemeinen Antworten wie: »Ich arbeite, weil ich mir meinen Lebensunterhalt verdienen muss.« Ich will Konkretes hören:

- Ich arbeite, weil ich mir unbedingt die große Terrassenwohnung leisten will *(in die ich gerade mal zum Schlafen komme, weil ich so viel arbeiten muss).*
- Ich arbeite, weil ich die Leasingrate und den Sprit für meinen Wagen zahlen muss *(mit dem ich dann durch die Gegend rase, um mir irgendwo ein bisschen Freiheit zu holen).*

• Ich arbeite, weil ich mir über meine Leistung die Achtung und Bewunderung von . . . *(konkrete Namen!)* verschaffe *(für die ich nur als Leistungsträger, nicht aber als Mensch existiere).*

Denkbar, aber für Sie als Käuferin oder Käufer dieses Buches nicht wahrscheinlich, sind auch Antworten wie: Ich arbeite, weil meine Tätigkeit mich mit Sinn erfüllt, weil ich das liebe, was ich täglich tue, weil meine Arbeit mich anspornt und mir Kraft gibt.

Wenn drei Viertel Ihrer Antworten in diese Richtung gehen, können Sie die Optimierung Ihres Z-Faktors auf Ihre private Partnerschaft beziehen. Wenn auch dieser Lebensbereich ehrlich (!) sehr gut läuft, schenken Sie dieses Buch jemandem, der es tatsächlich braucht.

Wenn Ihre Antworten eher meinen Wohnung-und-Auto-Beispielen ähneln, sind die nächsten Fragen unvermeidbar:

Z

- **Um wie viel weniger dürfte ich arbeiten/verdienen, würde ich in einer kleineren Wohnung leben?**
- **Um wie viel glücklich/zufriedener wäre ich, könnte ich dadurch beruflich etwas anderes tun, etwas, das mich persönlich mehr erfüllt?**
- **Was würde sich an meinem Status/Image verändern, wenn ich ein paar Aspekte meines Lebens verändere?**

Auch das weiß ich aus eigener Erfahrung: Es ist verdammt schwer, sich von Dingen zu verabschieden, die uns scheinbar glücklich machen. Es ist zunächst kaum vorstellbar, dass Verzicht Gewinn bedeuten kann. Aber wenn wir uns täglich vor Augen halten, wie hoch der Einsatz ist, den wir bringen müssen, und wie gering die Aussichten, dass unser Z-Faktor durch die Haltung ›Mehr! Mehr! Mehr!‹ oder ›Will haben!‹ dauerhaft hochzuhalten ist, lohnt sich jeder Aufwand.

Das ganze Leben ist Veränderung

Die Bereitschaft zu einer mehr oder weniger dramatischen Veränderung hängt erfahrungsgemäß vom Leidensdruck, aber auch von der Lebensphase ab, in der wir uns aktuell befinden. Betrachten wir die einzelnen Phasen, so zeigt sich, dass je nach Lebensalter unterschiedliche Gewichtungen erfolgen.

Dieses Buch befasst sich in erster Linie mit jenen Phasen, in denen die Themen Beruf, Aufbau und Sicherung der Existenz prägend im Vordergrund stehen. Doch kann man diese Phasen nicht betrachten, ohne auch die anderen mit einzubeziehen: Prägungen, Zukunftshoffnungen, Entwicklung der persönlichen Werte et cetera. Dabei ist ganz wichtig, die Übergänge zu erkennen, loslassen zu können, das Neue zu begrüßen und Veränderungsphasen als Bilanzphasen, Lernphasen, Abschiedsphasen, Willkommensphasen zu verstehen.

Das folgende Modell (siehe Seite 25, Tabelle) gliedert das Leben in 16 Phasen und ordnet es horizontal und vertikal den maßgeblichen Entwicklungen in jedem Lebensabschnitt zu. Daran zeigt sich auch sehr gut, dass Lernen und Veränderung bis ins hohe Alter stattfinden.

Wie wir werden, was wir sind

Sehen wir uns nun die Voraussetzungen an, die in den für uns wichtigen Bereichen geschaffen werden, die für unser Erleben von Bedürfnissen, für unser Anpassungsverhalten und für unseren Z-Faktor und die damit verbundenen Lern- und Veränderungsprozesse von Bedeutung sind.

Beginnen wir mit der Phase der Prägung. Bewusst kann sich niemand mehr an die allererste Zeit erinnern, in der er beziehungsweise seine Persönlichkeit geprägt wurde. Doch wie begann alles?

Du kommst zur Welt und bist auf Bedürfnisbefriedigung programmiert. Niemals mehr später in deinem Leben wirst du die Befriedigung deiner Bedürfnisse so vehement einfordern wie in den ersten Monaten deines Le-

LEBENSABSCHNITTE UND ENTWICKLUNG

	Entwicklung	Auseinander-setzung	Reife	Vollendung
Bewusstheit	**Frühe Kindheit Geburt bis 4** Enge Bindung an Mutter im Säuglingsalter, mit Entwicklung der Mobilität erste Ablösung vonseiten des Kindes	**Individualität 19 bis 23** Ausprägung von Geschmack, persönlichen Vorlieben, Entwicklung sozialer Identitäten (Mitarbeiter, Eltern, Partner)	**Selbstbewusstsein / 40 bis 43** Weitere Ausprägung der Persönlichkeit/Basis: Muster, die bis 23 festgelegt wurden, Veränderungs- und Reifungsprozess je nach Ausprägungsgrad der Identität dramatischer oder einfacher	**Reflexion 60 bis 65** Suche nach dem Sinn, erneuertes Interesse an Religion, Spiritualität, Philosophie, Lernen, Reisen, Interesse an persönlicher Entwicklung
Lernen	**Kindheit 4 bis 10** Spielerisches Lernen, Ausloten von Grenzen, Herausbildung von Rollenmodellen	**Gemeinschaft 23 bis 30** Lernen anhand von Identitätskonflikten und Überlagerungen von Identitäten, Gemeinschaftserlebnisse, Überprüfung der Qualität von Beziehungen	**Neuausrichtung 43 bis 50** Lernphase, was nicht funktioniert, wird eliminiert, Offenheit für Neues, Konsistenz und Zuverlässigkeit sind wichtige Werte	**Anerkennung 65 bis 70** Lernphase im Stadium der Vollendung, Überprüfung von Verfahren und Produkten auf Kosten-Wert-Relation (monetär und spirituell)
Anwendung	**Vorpubertät 10 bis 14** Erste Entwicklung lebenslanger Werte, Suche nach Balance zwischen Gegenwart und Zukunft, Suche nach Vorbildern	**Praxis / 30 bis 35** Leben wird komplexer, Ungleichgewichtungen treten in den Vordergrund, Verstärkung persönlicher Werte wie Zuverlässigkeit, Konsistenz, Sicherheit	**Meisterschaft 50 bis 55** Über das Leben nachdenken, Feinabstimmung von Beziehungen und Verhaltensformen	**Anpassung 70 bis 75** Feinabstimmung dessen, was passt, was nicht passt, Freiheitsgefühl, Rückschau
Veränderung	**Pubertät 14 bis 19** Ablösung von Eltern, Hinwendung zu Peer Group, Ausloten von Identitätsmustern	**Bewertung 35 bis 40** Überprüfung von Beziehungen und Netzwerken, ob sie noch zur individuellen Identität passen	**Neubewertung 55 bis 60** Überprüfung der eigenen Identität auf der Grundlage der Erfahrungen und Erkenntnisse	**Akzeptanz / 75+** Bestätigung der Identität, Akzeptanz, dass manche Dinge sich der Kontrolle entziehen, Lernen, Austausch mit Jüngeren (Enkeln), innere Erfüllung als höchster Wert

Quelle: nach Cultural Studies & Analysis, ›Basic Characteristics of Life Development Stages‹ (übersetzt und gekürzt von der Autorin) bens. Alles, was du willst, ist ein voller Magen, eine leere Windel, Wärme und Zärtlichkeit. Und das holst du dir unter Einsatz all deiner Kräfte. Du schreist, tobst, schlägst um dich, so lange, bis dein Z-Faktor maximal ist. Du weißt, was gut für dich ist (und lebenswichtig), und du holst dir, was du brauchst. Den Zusammenhang zwischen Aktion und Reaktion hast du klar erkannt, man könnte auch sagen, du bist in deinen ersten Lebensmonaten Weltmeister im Manipulieren. Du weißt, was du tun musst, damit andere tun, was du willst.

Wir werden ins System eingepasst

Sobald deine Eltern meinen, es wäre Zeit, mit deiner Erziehung zu beginnen, dreht sich das Spiel: »Wenn du ein Eis willst, musst du vorher brav aufessen.« »Sei jetzt ruhig, dann spiele ich später mit dir.« »Lerne brav, dann schenke ich dir ein neues Rad.« Nicht mehr deine Erwartungen sind wichtig, sondern die Erwartungen deiner Eltern. Dann kommen noch deine Lehrer dazu. Und auch die wissen, was gut für dich ist. Immer öfter hörst du: »Du musst!«, immer seltener: »Willst du?«

Manfred Greisinger (der ›Der kleine Prinz‹ vielleicht sogar einmal mehr gelesen hat als ich) schreibt in seinem wunderbaren Buch ›Entfesseltes Ich‹: »Auch wenn wir in der Schule nicht so tolle Zeugnisse erreichen, so sind wir doch wahre Musterschüler. Wir lernen nämlich brav jene Muster, die Eltern von braven Kindern und die die Gesellschaft von pflegeleichten Mitbürgern erwarten.« – Mit welchem Effekt? Jahrzehnte später sind wir noch immer viel mehr damit beschäftigt, die Bedürfnisse anderer zu befriedigen, als auf unsere eigenen zu achten. Unsere ganz persönliche Geschichte vom ›Kleinen Ich bin Ich‹ hat kein Happy End.

Ich bin – ICH!

Ich empfehle Ihnen an dieser Stelle die Wieder-Lektüre von ›Das kleine Ich bin Ich‹ von Mira Lobe und Susi Weigel aus dem Jahre 1972, dem Kinderbuch-Klassiker vom kleinen, rot-weiß karierten Wesen aus Stoff, das vielen Tieren ähnlich sieht, aber keinem gleicht – bis es erkennt: Ich bin nicht irgendwer, ich bin ich. Das Buch ist nicht ohne Grund in 32 Auflagen erschienen und noch immer in nahezu jeder Buchhandlung vorrätig. Die Erkenntnis, dass es jedenfalls besser ist, ein eckiges Etwas zu sein als ein rundes Nichts (Friedrich Hebbel), kommt für viele einfach nicht oder zu spät. Wir haben keine Zeit, darüber nachzudenken, sind wir doch mit Wichtigerem beschäftigt.

Das erinnert mich an eine gehetzte Ärztin, Sonja, die sich von mir bei der Weiterentwicklung ihrer Berufslaufbahn begleiten lassen wollte. Auf meine Frage »Was wollen Sie wirklich?« meinte sie leicht genervt: »Für esoterisches Blabla hab ich wirklich keine Zeit, ich brauche eine griffige Strategie für meine Karriere.«

Ich habe Sonja dann an einen Kollegen weiterempfohlen. Wissen Sie, welchen Einfluss das auf meinen Z-Faktor hatte? Er schnellte sprunghaft in die Höhe. Es tut so gut, sich die Menschen aussuchen zu können, mit denen man sich beschäftigen will.

Wir suchen nach dem Sinn

Die Lebensphase, in der viele Menschen vieles infrage stellen, liegt meist zwischen dem 35. und 55. Lebensjahr. Davor, wie das Lebensphasenmodell von Cultural Studies & Analysis zeigt, sind wir noch zu sehr mit dem Ausbilden unserer eigenen Identität beschäftigt. Danach, in der Vollendungsphase, blicken wir – so wir nicht völlig an uns vorbeigelebt haben –, eher liebevoll zurück und reflektieren unser Leben.

Die tatsächliche Veränderungsbereitschaft ist zwischen dem 43. und 50. Lebensjahr am allerhöchsten. Lassen Sie sich aber bloß nicht davon abhalten, Ihren Z-Faktor jetzt zu verbessern, nur weil Sie altersmäßig nicht in dieses Schema passen.

Ein selbstgesteuertes Eingreifen in Ihre persönliche Zufriedenheit wird Ihre restliche Lebenszeit garantiert verbessern. Wie viel oder wenig davon auch übrig sein mag.

Das Lebensabschnittsmaßband

Wie viel an potenzieller Lebenszeit ist denn für Sie noch übrig? Besorgen Sie sich ein flexibles Maßband. Wenn wir davon ausgehen, dass Sie 1960 geboren wurden, haben Sie als Frau derzeit eine durchschnittliche Lebenserwartung von 86,3 Jahren, als Mann leider nur 79,7 (Quelle: arithmetica).

Frauen kürzen das Maßband also auf 86,3 Zentimeter, Männer auf 79,7 Zentimeter. Legen Sie das Maßband, das nun Ihrer Lebenserwartung entspricht, vor sich hin und denken Sie einfach mal darüber nach:

- **Was habe ich zwischen Zentimeter 1 und 10 gemacht?**
- **Was zwischen Zentimeter 11 und 20?**
- **Was zwischen Zentimeter 21 und 30?**
- **Was zwischen Zentimeter 31 und 40?**
- **Was zwischen Zentimeter 41 und heute?**

Und jetzt nehmen Sie eine Schere und schneiden von Ihren 79,7 bzw. 86,3 Zentimetern jene Anzahl von Zentimetern, die Ihre bisherigen Lebensjahre darstellen, ab. Es bleiben jene Jahre, die Sie statistisch betrachtet durchschnittlich noch vor sich haben. Um die Dramatik der Situation am Leben zu erhalten, kleben Sie sich Ihre restlichen Lebensjahre am besten auf den Badezimmerspiegel und schneiden zu jedem Geburtstag feierlich einen Zentimeter ab. Nur mehr 30, nur mehr 29, nur mehr 28 ... Auweia, geht das schnell!

So, und was machen Sie jetzt mit den paar Jährchen, die Sie noch vor sich haben? Weiter wie bisher? Auch okay, aber dann hören Sie bitte auf, ständig darüber zu jammern, dass immer alles dasselbe und alles so furchtbar ist. Schlucken Sie brav Ihre Psychopharmaka, bezahlen Sie Ihren Therapeuten, aber bitte, bitte lassen Sie uns in Ruhe mit Ihrem Gemosere, Ihren Nörgeleien, Ihrer Unzufriedenheit.

Die beiden Lieblingsausreden für die Stagnation und das Verharren im Leid sind: »Ich darf nicht ... « und »Ich kann nicht ... «. Und die, die sich trauen, zur Veränderung ja zu sagen, hängen gern ein ›aber‹ dran: Ja, schon, aber ... Ich sage: Wenn die Natur so angelegt ist, dass sich ständig alles verändert, dann darf ich da doch auch mitspielen, oder? Bin ich dann automatisch sprunghaft? Und wenn ich es bin, was ist schlecht dran, stets auf dem Sprung zu sein, Zufriedenheit zu finden? Bin ich dann wankelmütig in meinen An-und Absichten? Dumm sind die, die nicht den Mut haben, dazu zu stehen, dass sich ihre Meinung im Laufe ihres Lebens ändert.

Da wir den Rest unseres Lebens in der Zukunft verbringen, hat es wenig Sinn, Veränderungen ständig zu verschieben. »Von nix kommt nix«, wie meine Großmutter dem Volksmund entsprechend oft zu mir gesagt hat. Über die Jahrtausende der menschlichen Weiterentwicklung mussten alte Verhaltensweisen, wenn sie nicht mehr gut und gültig waren, schon immer abgelegt werden. Überlebt haben jeweils jene Linien (egal ob Mensch, Tier oder Pflanze), die bereit oder imstande waren, sich anzupassen, Veränderungen zu akzeptieren. Oft höre ich »Früher war alles besser«. Früher war jedoch nicht alles besser, früher war nur alles anders. Wir können auf diese Veränderungen auf zwei Arten reagieren:

WIE KÖNNEN WIR AUF VERÄNDERUNGEN REAGIEREN?

- **Wir wehren uns dagegen und erklären die Veränderungen zu unserem Hauptfeind.**
- **Wir akzeptieren die Veränderungen und machen das, was wir seit Jahrmillionen machen: Wir entwickeln uns weiter.**

Würden manche Menschen die Energie, die sie ins Nachtrauern und Jammern stecken, in sich und ihre Weiterentwicklung stecken, hätten wir einen globalen Z-Faktor, der sich sehen lassen könnte. Aber gemäß dem alten Grundsatz ›Was der Bauer nicht kennt, frisst er nicht‹ hungern wir lieber vor uns hin, als dass wir uns mit Neugierde, Begierde und Freude ans volle Büffet werfen und mal sehen, was es alles zu bieten hat. Welches Risiko gehen wir dabei ein? Wenn uns nichts von dem Angebotenen schmeckt, gehen wir schlimmstenfalls so hungrig an unseren Tisch zurück, wie wir von dort weggegangen sind.

»Zu wagen verursacht Angst, nicht zu wagen bedeutet, sich selbst verlieren«, warnt Søren Kierkegaard, der dänische Philosoph. Wir werden immer wieder auf die Freiheit zurückgeworfen, uns entscheiden zu können oder, für die begeisterten Pessimisten unter uns, auf den Zwang, uns entscheiden zu müssen. Beides ganz wunderbar verpackt in Ortega y Gassets Feststellung, die da lautet: »Freiheit ist der Zwang, sich zu entscheiden.«

Der erste Schritt ist immer der Gedanke

Alles, jede Erfindung, jede Veränderung beginnt zunächst mit einem vagen Gedanken. Die Frage ist: Lasse ich ihn zu oder stelle ich ihn sofort beim ersten Auftauchen ab? Es gibt dazu ein sehr schönes chinesisches Sprichwort: *Achte auf deine Gedanken, sie werden zu deinem Schicksal.* Zum besseren Verständnis hier die einzelnen Zwischenschritte:

Z

Achte auf deine Gedanken, sie werden zu deinen Worten.
Achte auf deine Worte, sie werden zu deinen Taten.
Achte auf deine Taten, sie werden zu deinen Gewohnheiten.
Achte auf deine Gewohnheiten, sie prägen deinen Charakter.
Achte auf deinen Charakter, er wird zu deinem Schicksal.

Zusammengefasst: Wer seine Zufriedenheit ständig in die nächste Spielhälfte verschiebt, wird ein Leben lang auf dem Z-Faktor einer Legebatteriehenne stehen bleiben. »Später, später lass ich es mir gut gehen!« garantiert Ihnen so lange keine Veränderung, bis es später ist. Manchmal auch schon zu spät. Die Macht unserer Gedanken ist beinahe beängstigend groß. Setzen Sie sie richtig ein – »Jetzt will ich zufrieden sein!« – und es werden Dinge geschehen, die Sie nicht für möglich gehalten hätten.

»Die Welt ist weder vollkommen noch unvollkommen, sondern das, was wir aus ihr machen. Je nachdem, wie wir die Dinge ansehen, erscheinen sie uns gut oder schlecht, sie haben stets den Wert und die Wirkung, die wir ihnen zudenken. An sich sind sie weder gut noch böse, erst unser Denken macht sie glücklich oder unheilbringend«. (Seneca)

Kapitel 2

Analyse

Ein kleiner Ausflug in die Zufriedenheitsforschung

Das Duden-Bedeutungswörterbuch definiert den Begriff Zufriedenheit als »innerlich ausgeglichen zu sein und nichts anderes zu verlangen, als man hat; mit den gegebenen Verhältnissen, Leistungen o. Ä. einverstanden zu sein, nichts auszusetzen zu haben«. Als Synonyme werden »Ausgeglichenheit, Behagen, Eintracht, Erfüllung, Freude, Genugtuung, Harmonie, Seligkeit, Wohlbefinden, Wohlgefühl, Beseligung, Wohlbehagen, Wonne« genannt.

Wie wichtig das Thema Zufriedenheit in gesellschaftlicher Hinsicht ist, zeigt, dass seit Jahren auf EU-Ebene im Rahmen des ›Eurobarometer Survey‹ unter anderem die Zufriedenheit sowohl mit dem Leben allgemein als mit einzelnen Aspekten abgefragt wird. Dazu beantworten die Teilnehmer folgende Frage: »On the whole, are you very satisfied, fairly satisfied, not very satisfied, or not at all satisfied with the life you lead?« Etwa: »Sind Sie insgesamt sehr zufrieden, zufrieden, nicht sehr zufrieden oder überhaupt nicht zufrieden mit dem Leben, das Sie führen?« Ziel der Erhebung dieser Zufriedenheitsindikatoren (›Subjective Well-Being‹) ist es, mehr über die Faktoren für Zufriedenheit zu lernen.

Der Begriff Zufriedenheit wurde auch schon in Kennziffern dargestellt, den sogenannten Glücksindikatoren. Basierend auf den Erkenntnissen der Glücksforschung, deren prominentester Vertreter Richard Layard ist, wird davon ausgegangen, dass Zufriedenheit messbar ist. Es existieren verschiedene Methoden, zum Beispiel der ›U-Index‹ – der Teilnehmer wird nach den Zeitspannen des Tages befragt, in denen er sich unwohl fühlte (›unpleasent state‹) – und die ›Day Reconstruction Method‹ – der Teilnehmer wird befragt, wie zufrieden er zu bestimmten Zeitpunkten des Tages war. Diese Ansätze widmen sich der subjektiven Zufriedenheit.

Eine weitere Methode ist die ›Life Satisfaction Scale‹, der ich persönlich sehr viel abgewinnen kann, weil sie die Möglichkeit bietet, in der Arbeit mit meinen Klienten auf verschiedenen Ebenen einzuhaken. Dabei bewerten Sie fünf Fragen mit Punkten (1 = keine Zustimmung bis 7 = maximale Zustimmung):

LIFE SATISFACTION SCALE

In den meisten Bereichen entspricht mein Leben meinen Idealvorstellungen
(In most ways my life is close to my ideal):

1 2 3 4 5 6 7

☐ ☐ ☐ ☐ ☐ ☐ ☐

Meine Lebensbedingungen sind hervorragend
(The conditions of my life are excellent):

1 2 3 4 5 6 7

☐ ☐ ☐ ☐ ☐ ☐ ☐

Ich bin mit meinem Leben zufrieden
(I am satisfied with my life):

1 2 3 4 5 6 7

☐ ☐ ☐ ☐ ☐ ☐ ☐

Bisher habe ich die wichtigen Dinge in meinem Leben erreicht
(So far I have gotten the important things I want in life):

1 2 3 4 5 6 7

☐ ☐ ☐ ☐ ☐ ☐ ☐

Könnte ich mein Leben nochmal leben, ich würde nahezu nichts ändern
(If I could live my life over, I would change almost nothing):

1 2 3 4 5 6 7

☐ ☐ ☐ ☐ ☐ ☐ ☐

1= keine Zustimmung
7= maximale Zustimmung

Ist Glück relativ? Diese Frage hat sich der Soziologe und Glücksforscher Ruut Veenhoven unter anderem in seiner Arbeit ›Ist Glück relativ? Überlegungen zu Glück, Stimmung und Zufriedenheit aus psychologischer Sicht‹ (Report Psychologie 16/1991; Download unter: http://www2.eur.nl/fsw/research/veenhoven/Pub1990s/91d-fulld.pdf) gestellt.

Seine Definition: »Glück ist das Ausmaß, in dem der Einzelne seine Lebensqualität positiv bewertet; wie sehr der Mensch das Leben, das er führt, schätzt. Glück im Sinne von Lebenszufriedenheit ist eine Einstellung zum Leben.«

Veenhoven sieht im Lebensglück eines Menschen den ständigen Vergleich zwischen subjektiv erlebtem Ist-Zustand mit dem erwünschten Soll-Zustand. Je näher Ist und Soll beisammenliegen, umso zufriedener ist der Mensch. Daraus abgeleitet ergibt sich, dass überzogene, den eigenen Möglichkeiten nicht angepasste oder dem eigenen Einfluss nicht unterworfene Visionen (»ich werde Lottomillionär«) zu lebenslanger Unzufriedenheit führen können.

Der Z-Faktor hängt jedenfalls nicht von Reichtum ab. Wie sonst könnten Menschen in eher bescheidenen Verhältnissen teils einen deutlich höheren Z-Faktor haben, indem sie ihren Ist-Zustand als erfüllend erleben? Wie ist es möglich, dass die glücklichsten Menschen dieses Planeten im südpazifischen Inselstaat Vanuatu leben, wo es nur sehr wenige der für uns so selbstverständlichen und uns so zufrieden machenden Einrichtungen gibt (Happy Planet Index, New Economics Foundation, 2006)?

Eine äußerst individuelle Angelegenheit

Ein persönliches Erlebnis hat mir die Bedeutung der Aussage »Glück ist relativ« sehr deutlich vor Augen geführt: In einem Traditionscafé in Wien gab es bis vor einigen Jahren eine Toilettenfrau, die trotz ihres für mich grauenhaften Jobs eine unglaubliche Gelassenheit ausstrahlte. Ich weiß, dass diese Frau noch niemals vom Z-Faktor gehört hatte, aber ihre Zufriedenheit strahlte förmlich von ihr ab, war ansteckend. Eines Tages nahm ich mir ein Herz und sprach sie darauf an. Über ihre Antwort habe ich lange nachgedacht und ich denke noch heute sehr oft daran: »Mir geht's gut, sehr gut sogar. Ich habe hier einen sicheren Job, ich lerne unglaublich interessante Menschen kennen. Künstler, Politiker, große Unternehmer, Menschen aus aller Welt. Ich rede mit allen und erfahre interessante Dinge. Ich hab's im Winter warm und im Sommer kühl und das Essen bekomme ich direkt aus unserer Küche, die für ihre besondere Qualität berühmt ist. Anderen geht's viel schlechter als mir. Ich bin mit meinem Leben zufrieden, weil ich das, was ich mache, gern tue.«

Zufriedenheit hängt also nicht von der realen Lebenssituation ab, sondern von ganz individuellen Wertmaßstäben. Üblicherweise entsteht Zufriedenheit und/oder Unzufriedenheit auch durch den ständigen sozialen Vergleich mit anderen. Was hat der andere, das ich nicht habe? Was kann der andere, das ich nicht kann? Aber auch: »Anderen geht's ja noch schlechter als mir.«

Eine Steigerung des Z-Faktors könnte damit erreicht werden, dass wir aufhören, uns ständig mit anderen zu vergleichen, sondern uns eher vor Augen halten, was der Preis ist, den andere dafür zahlen, dass sie ›mehr haben‹ oder ›mehr sind‹ als wir selbst:

- **der erfolgreiche Banker, dessen Kinder aus jeder Schule fliegen**
- **die reiche Schöne, die Angst vor einer Beziehung hat, weil sie weiß, es geht nicht um sie**
- **die Politikerin, die heimlich trinkt**
- **der Manager, dem die dritte Frau eben davongelaufen ist**
- **der Bühnenstar, der vor jedem Auftritt Kokain schnupft**
- **die Sportlerin, die an Krebs erkrankt, weil sie sich ständig mit Leistungsstärkern aufpumpen musste**

Die Liste ist endlos erweiterbar, doch sollte man das Hinter-die-Fassade-Blicken nicht bis zum Exzess treiben, sondern sich nach einer gewissen Phase der Relativierung dann doch den eigenen Angelegenheiten zuwenden.

Sie stellen sich eben die Frage, ob Glück und Zufriedenheit dasselbe ist? Zu welcher Ansicht kommen sie?

Z

- **Glück ist** ....

....

- **Zufriedenheit ist** ....

....

Ellen Müller, Autorin des Buches ›Zum Glück gibt es Lachen! Lachyoga, der Weg zur heiteren Gelassenheit‹, meint: »Durch Lachen können wir sowohl Freude und Glück zum Ausdruck bringen als auch Freude und Glück erfahren. Lachen versetzt uns in einen Zustand der heiteren Gelassenheit, die uns glücklich und zufrieden macht. Zu-Frieden-heit bedeutet für mich: In Frieden mit sich selbst und anderen zu sein. Zufrieden sein, mit sich selbst in Einklang zu sein, ist eine Form von Glück.« Wir reden hier also nicht von identen Gefühlszuständen, sondern Zufriedenheit scheint mir die Voraussetzung für dauerhaftes Glück. Ohne Zufriedenheit ist Glück ein kurzer Zustand der Euphorie, das ›berühmte Vogerl‹, das rasch wieder entfleucht.

Zufriedenheit – die Zutaten

Sie haben ein Recht auf Zufriedenheit, es ist ein wichtiger Teil des biologischen, psychologischen und sozialen Wohlbefindens, der im Allgemeinen die Gesundheit und Lebensqualität entscheidend mitbestimmt. Und gerade auch in Beruf und Ausbildung prägt Zufriedenheit den individuellen Erfolg wesentlich mit.

Der Untertitel dieses Buches lautet: ›Erfolgreich und zufrieden im Job‹. Möglicherweise denken Sie jetzt: »Na, wenn ich erst erfolgreich bin, ist es klar, dass ich auch zufrieden bin.« Das, liebe Leserinnen und Leser, ist ein weitverbreiteter Trugschluss. Erfolg macht nicht unbedingt auf Dauer zufrieden. Manchmal führt er genau zum Gegenteil. Besonders dann, wenn Erfolg zur Erfolgssucht wird und Erfolge bestenfalls als Etappenziele gesehen werden – auf dem Sprint zum nächsten, noch größeren.

Erfolgreich ist, wer reich ist, erfolgreich ist, wer Macht hat – allgemein akzeptierte Definitionen, die so vielen von uns das Leben schwer machen. Darf ich zufrieden sein, wenn ich den allgemeingültigen Erfolgskriterien nicht entspreche? Nicht bis zum Umfallen an meiner Karriere arbeite, kein Eckbüro mit vier Fenstern habe, gerne an der Werkbank stehe und mir die Finger schmutzig mache? Glauben Sie mir, Sie dürfen! Und das noch dazu mit einem ganz ruhigen, reinen Gewissen.

Im Beruf erfolgreiche Menschen haben nicht automatisch einen hohen Zufriedenheits-Faktor. Mit ihrem Beruf zufriedene Menschen sind aber immer und auf jedem Arbeitsplatz dieser Welt auch die erfolgreicheren. Wenn – und das ist jetzt ganz wichtig – wenn sie ihren Erfolg selbst definieren und sich von den Maßstäben anderer unabhängig machen.

Die Sehnsucht nach Zufriedenheit schlummert in jedem von uns. Das Schlimmste, das Ihnen passieren kann, ist, dass Sie sich mit Ihrer Unzufriedenheit arrangieren, Ihren niedrigen Z-Faktor als etwas Unabänderliches akzeptieren. Dann haben Sie wirklich verloren. Da Sie aber dieses Buch gekauft haben, gehe ich davon aus, dass Sie zu den Kämpfernaturen gehören, die für sich selbst das Recht auf berufliche Zufriedenheit in Anspruch nehmen wollen, und das ist gut so. Lassen Sie uns also mit der Arbeit an Ihrem Z-Faktor beginnen.

Um Ihnen den Einstieg in die Arbeit an Ihrem Zufriedenheits-Faktor zu erleichtern, sollten wir gemeinsam darüber nachdenken, welche Einflussgrößen auf unseren Z-Faktor es überhaupt gibt. Zufriedenheit (Z) entsteht aus meiner Erfahrung mit meinen Klienten und aus jahrelanger Beobachtung bei einem ausgewogenen Verhältnis von vier Faktoren:

Z

Z = sG + wG + sT + kW

sG: soziale Geborgenheit • **wG:** wirtschaftliche Geborgenheit
sT: sinnstiftende Tätigkeit • **kW:** körperliches Wohlbefinden

Was ist sG – soziale Geborgenheit?

Sie sind aufgehoben zwischen anderen, haben eine Partnerin, einen Partner, Familienbande, gute Freunde, Nachbarn, Kollegen, jemanden zum Reden, zum Anlehnen, müssen nicht allein sein, aber dürfen allein sein, sind eingebettet in eine Gemeinde, verspüren Sicherheit, müssen keine Angst haben, können Hilfe erwarten, dürfen schwach sein, Fehler werden Ihnen verziehen, Sie dürfen Verständnis erwarten.

Z

NUN IHRE PERSÖNLICHE DEFINITION VON SG:

sG bedeutet für mich konkret, dass ....

....

Was ist wG – wirtschaftliche Geborgenheit?

Sie können sich das, was Sie sich leisten, auch leisten. Ihr Leben ist nicht gesteuert dadurch, dass Sie ausschließlich für das Ausbügeln Ihrer finanziellen Eskapaden arbeiten, Einkommen und Ausgaben stehen in einem vernünftigen Verhältnis.

Sie können fürs Alter vorsorgen und Ersparnisse anlegen, Budget für kleine ›Lustbarkeiten‹ steht zur Verfügung und Sie überprüfen gerne Ihre Kontoauszüge, Anrufe Ihres Bankberaters versetzen Sie nicht in Schrecken. Möbel kaufen Sie nicht deshalb, weil Ratenzahlungen angeboten werden, und wenn die Waschmaschine den Geist aufgibt, stürzt Sie das nicht in finanzielle Nöte.

Z

NUN IHRE PERSÖNLICHE DEFINITION VON WG:

wG bedeutet für mich konkret, dass ....

....

Was ist sT – sinnstiftende Tätigkeit?

Unabhängig von der vermeintlichen, von außen definierten Wichtigkeit Ihrer Aufgabe, von deren Image und Renommee sehen Sie Sinn darin, diese zu erfüllen, erkennen Zusammenhänge, haben Freude an Ihrem Tun, an dem Produkt, an dem Sie mitarbeiten, an der Dienstleistung. Sie freuen sich, genau diese Arbeit zu haben, wissen, dass jeder Job Teilbereiche hat, die weniger Freude machen, und es schert Sie nicht, ob andere Ihre Tätigkeit für wichtig oder für Sie für passend halten.

Z

NUN IHRE PERSÖNLICHE DEFINITION VON ST:

sT bedeutet für mich konkret, dass ....

....

Was ist kW – körperliches Wohlbefinden?

Hoffentlich mehr als das Ausbleiben von Schmerzen, wobei chronisch Kranke auch darüber oft schon sehr glücklich sind. Sie sind weder von Tabletten, Alkohol noch von Nikotin oder schlimmeren Substanzen abhängig, müssen sich also nicht in irgendwelche Süchte flüchten, altersgemäße ›Wehwehchen‹ akzeptieren Sie als völlig normal. Sie ernähren sich halbwegs ausgewogen und tun das für Ihre körperliche Fitness, was Ihnen guttut. In Extremleistungen auf Schipisten, Tennisplätzen und in Kletterwänden sehen Sie keinen Sinn, Sie schlafen gut, akzeptieren Ihr Älterwerden und machen regelmäßig sinnvolle Vorsorgeuntersuchungen.

Z

NUN IHRE PERSÖNLICHE DEFINITION VON KW:

kW bedeutet für mich konkret, dass ....

....

Menschen, bei denen die Formel **Z = 25% sG + 25% wG + 25% sT + 25% kW** aufgeht, also zufriedene Menschen mit ausgeglichenen Einflussgrößen auf ihren Z-Faktor,

- *vermitteln uns das Gefühl, ›in sich daheim zu sein‹.*
- *sind emotional in einem gesunden Maß unabhängig von anderen, können gut für sich sorgen, übernehmen Verantwortung für sich selbst und sind keine bodenlosen Fässer, die von anderen laufend mit Anerkennung und Liebe gefüllt werden müssen, sie füllen selbst!*
- *sind mit sich und ihrem Leben im Reinen; verzeihen; haben keinen Bock auf Feindschaften und Konflikte um des Konfliktes willen. Sie wissen, dass erst optimale Eigenversorgung ermöglicht, auch für andere zu sorgen.*
- *kennen den Unterschied zwischen Brauchen und Wollen.*
- *sind losgelöst von Meinungen anderer, nicht manipulierbar, aber auch nicht manipulativ.*
- *erfragen den Sinn des eigenen Lebens täglich und es scheint, sie haben ihn auch schon erkannt.*

WAS GESCHIEHT, WENN EINE DIESER SÄULEN WEGBRICHT?

Was bedeutet körperliches Wohlbefinden ohne soziale Geborgenheit?

....

Was bedeutet wirtschaftliche Geborgenheit ohne sinnstiftende Tätigkeit?

....

Wie ist es, wenn ich sozial geborgen bin, aber keine wirtschaftliche Geborgenheit erlebe?

....

Und was bedeutet wirtschaftliche Geborgenheit mit einer Krebsdiagnose in der Hand?

....

Käme, möglicherweise etwas überraschend, eine Fee um die Ecke, die zu Ihnen sagt: »Sorry, ich bin leider eine böse Fee und ich habe beschlossen, auf eines dieser Dinge wirst du in Zukunft verzichten müssen«, wie würden Sie antworten, worauf könnten Sie am ehesten verzichten?

Z

AM EHESTEN VERZICHTEN KÖNNTE ICH AUF:

- [ ] **soziale Geborgenheit**
- [ ] **wirtschaftliche Geborgenheit**
- [ ] **sinnstiftende Tätigkeit**
- [ ] **körperliches Wohlbefinden**

Wenn Sie jetzt »körperliches Wohlbefinden« angekreuzt haben, schreiben Sie mir bitte eine E-Mail oder einen Brief, ich muss Sie unbedingt kennenlernen! Jeder, dem ich bisher diese Aufgaben gestellt habe, wollte auf alles verzichten, nur nicht auf Gesundheit. Vielleicht führt dieses Bewusstsein dazu, dass Sie sich in ganz schlimmen Lebenssituation, in denen Ihr Z-Faktor nach unten zu rasseln droht, weil die Bereiche soziale Geborgenheit, wirtschaftliche Geborgenheit oder sinnstiftende Tätigkeit völlig aus den Fugen geraten, dies in Erinnerung rufen. Solange Ihr Körper Sie nicht verlässt, Sie also keinen Einfluss mehr auf diesen Anteil Ihres Z-Faktors haben, ist alles andere zu bewältigen. Obwohl, manchmal setzt eine wirklich böse Erkrankung in Menschen etwas in Gang, das mit unseren ›normalen‹ Maßstäben nicht mehr erklärbar ist und uns nur in ungläubiges Erstaunen versetzt. Sich an diesen Menschen ein Beispiel zu nehmen, würde bedeuten, seine eigenen Grenzen um Dimensionen zu erweitern.

Achtung, übertreiben Sie es nicht!

Dass das recht simple und schlüssige Modell durchaus auch missverstanden werden kann, hat mir Olga vorgeführt: Nach unserer ersten Besprechung hatte Olga, eine pummelige, kettenrauchende Technikerin, sehr konkrete Ideen, wie sie in ihre defizitären Bereiche wirtschaftliche Geborgenheit und körperliches Wohlbefinden mehr Zufriedenheit bringen könnte. Wir vereinbarten, dass sie sich melden würde, sobald sie Hilfe bräuchte. Vier Monate nach unserem Kennenlernen rief sie mich an und wir trafen einander. Ich erkannte sie nicht wieder. Sie sah fantastisch aus: gute drei Konfektionsgrößen weniger, sportliches Auftreten, weg von den Zigaretten.

»Ich brauche Ihre Hilfe. Ich habe meinen Job verloren und stehe kurz vor der Delogierung.« – Ich war verblüfft. Was war geschehen?

Olga war so fasziniert davon, dass es scheinbar so leicht war, ihren Z-Faktor zu verbessern, dass sie sich mit aller Energie in das Projekt ›Optimierung meines körperlichen Wohlbefindens‹ stürzte und alles andere ausblendete: Zuerst machte sie eine Hypnotherapie, um sich das Rauchen abzugewöhnen, dann nahm sie ihren Jahresurlaub und machte eine F.-X.-Mayr-Kur. Sie beantragte einen unbezahlten Urlaub und fuhr irgendwo in den sehr fernen Osten zur Ayurveda-Kur. Wieder daheim, kaufte sie sich einen Hund und reduzierte ihre Wochenarbeitszeit auf die Hälfte, um Zeit zum Joggen und fürs Fitness-Studio zu haben. Als sie wenige Wochen danach im Personalbüro einen Bildungsurlaub beantragte, folgte kurz danach die Kündigung. Olga hatte es sich wohl mit ihrem Arbeitgeber verscherzt. Ihr Z-Faktor im Bereich körperliches Wohlbefinden stand bei nahezu 100 Prozent, die wirtschaftliche Geborgenheit war ebenso wie die sinnvolle Tätigkeit schlagartig auf annähernd null Prozent gesunken. Was hatte sie falsch gemacht?

Olga hat den Zusammenhang der einzelnen Bereiche nicht erkannt und so intensiv an dem einen ihr besonders verlockenden Bereich gearbeitet, dass sie übersehen hatte, insgesamt besser für sich zu sorgen. Es dauerte drei weitere Monate, in denen sie zwar wieder eine Konfektionsgröße zulegte, aber auch einen neuen Job fand und ihre wirtschaftliche Geborgenheit wiedererlangte.

Radikaler Extremismus ist also nicht gefragt, wenn Sie Ihren Z-Faktor verbessern wollen. Besonnenheit, etwas Geduld und ein ausgewogenes Mischverhältnis sind die wahren Erfolgsfaktoren.

Ihre erste Bestandsaufnahme

Möglicherweise waren Sie schon mal in einem Krankenhaus. Dann wird Ihnen aufgefallen sein, dass Blutdruck- und Temperaturmessungen zum Standardprogramm gehören. Täglich werden Ihre Werte erhoben und abgesehen davon, dass Ihr behandelnder Arzt auf plötzliche gesundheitliche Verschlechterungen rasch reagieren kann, zeigt ihm die Entwicklung der beiden Messkriterien auch, wie Ihr Gesundungsprozess langfristig verläuft.

Blutdruck und Temperatur sind objektivierbare, leicht zu messende Größen. Bei der Zufriedenheit sieht es da schon etwas anders aus. Wir könnten Ihren Z-Faktor über gering – mittel – groß definieren. Oder über etwas – ziemlich – sehr. Ich habe die Erfahrung gemacht, dass es einfacher ist, seinen täglichen Z-Faktor in Prozenten zu ermitteln. Als Bezugsgröße dienen Ihnen jeweils 100 Prozent, das Maß optimaler Zufriedenheit. Wenn Sie sich täglich fragen: »Wie hoch ist mein Z-Faktor heute im Vergleich zu diesen 100 Prozent?«, werden Sie sehr ehrliche Werte erhalten.

Selbstverständlich ist das, worüber wir hier reden, etwas sehr Subjektives, ein Gefühl, dessen Intensität sich nun mal leider auf keiner Messlatte ablesen lässt. Versuchen Sie es mit den von mir vorgeschlagenen 25-Prozent-Schritten. Sie können diese Tabelle verfeiern, Zwischenstufen einbauen. Sie können mit Smileys und Gewitterwolken arbeiten oder mit den oben erwähnten Begriffen. Wichtig ist einzig und allein, dass wir am Ende wissen, wie hoch Ihr Z-Faktor im vergangenen Monat war und was die Auslöser für besonders hohe bzw. besonders niedrige Zufriedenheit waren.

Starten wir nun also mit einer Anamnese, der Bestandsaufnahme Ihres aktuellen Z-Faktors. Kopieren Sie dazu die folgende Doppelseite und führen Sie vorerst einen Monat lang Buch über Ihren Zufriedenheitsstatus.

MEIN ZUFRIEDENHEITSSTATUS (KOPIERVORLAGE)

Tag, Monat	Bereich	Z-Faktor					Auslöser
		0 %	25 %	50 %	75 %	100 %	
	beruflich						
	privat						
	beruflich						
	privat						
	beruflich						
	privat						
	beruflich						
	privat						
	beruflich						
	privat						
	beruflich						
	privat						
	beruflich						
	privat						
	beruflich						
	privat						
	beruflich						
	privat						
	beruflich						
	privat						
	beruflich						
	privat						

Vorlage mehrmals kopieren – führen Sie Buch über Ihren Zufriedenheitsstatus!

MEIN ZUFRIEDENHEITSSTATUS (KOPIERVORLAGE)

Tag, Monat	Bereich	Z-Faktor					Auslöser
		0 %	25 %	50 %	75 %	100 %	
	beruflich						
	privat						
	beruflich						
	privat						
	beruflich						
	privat						
	beruflich						
	privat						
	beruflich						
	privat						
	beruflich						
	privat						
	beruflich						
	privat						
	beruflich						
	privat						
	beruflich						
	privat						
	beruflich						
	privat						
	beruflich						
	privat						

Vorlage mehrmals kopieren – führen Sie Buch über Ihren Zufriedenheitsstatus!

Es braucht täglich nur ein paar Minuten Zeit, um Ihren Z-Faktor zu ermitteln. Zeit, von der Sie glauben, Sie hätten sie nicht? Schauen Sie abends gern fern? Dann reichen zwei Werbepausen, um Ihren Tag kurz Revue passieren zu lassen und Ihren Z-Faktor zu definieren. Stauen Sie nach der Arbeit in Ihrem Wagen Richtung Heimat? Drehen Sie das Radio ab, packen Sie Ihr Handy ins Handschuhfach und ermitteln Sie Ihren Z-Faktor. Müssen Sie abends noch bügeln? Eine herrlich kontemplative Angelegenheit, die Sie, statt sich über Kollegen, Chefs, Partner, Kinder, Lehrer zu ärgern, zu Besserem nutzen können. Auch Staubsaugen und Geschirrspüler einräumen eignen sich hervorragend dafür. Sie lesen vor dem Einschlafen gern ein paar Buchseiten? Lesen Sie eine weniger und Sie haben Ihre Z-Faktor-Zeit! Wenn Sie der Meinung sind, dass das bei Ihnen leider alles nicht geht, finden Sie Alternativen.

Bettina, Jungmutter, aber geistig schon wieder in Richtung Karriere unterwegs, erzählte mir, dass sie die Stillzeiten dafür nutzte, um sich über ihren Z-Faktor klar zu werden. Und Fritz, der ohnedies erst abends in der U-Bahn dazu kam, die Morgenzeitung zu lesen, bestellte sein Abo ab und widmete sich lieber seinen ganz persönlichen Erforschungen als den Meldungen der Tagespresse.

Es gibt keinen Grund, keine Zeit zu haben. Es gibt aber zweifellos jede Menge Ausreden. Wenn Sie sich also aus Ihrer ureigensten Verantwortung für Ihren persönlichen Z-Faktor ›r‹ausreden, ist das Ihre Entscheidung. Bedenken Sie aber, was sich dadurch für Sie ändern wird. Nichts, absolut nichts. Sind Sie nicht bereit, in der Gegenwart den ersten Schritt zu tun, werden Sie in Ihrer Zukunft genauso unzufrieden sein, wie Sie es in der Vergangenheit waren. So einfach ist die Sache!

Ich kann in jedem Augenblick meines Lebens damit beginnen, es zu verändern.

Woher kommt Ihre Unzufriedenheit?

»Wer nicht schon in der Arbeit Genugtuung findet, der wird nie zur Zufriedenheit gelangen«, schreibt Peter Rosegger in seinem ›Heimgärtners Tagebuch‹.

Die Definition im Bedeutungswörterbuch des Duden habe ich Ihnen weiter vorne bereits präsentiert, zur Vertiefung hier noch mal:

Der Duden definiert den Begriff Zufriedenheit als »innerlich ausgeglichen zu sein und nichts anderes zu verlangen, als man hat; mit den gegebenen Verhältnissen, Leistungen oder Ähnlichem einverstanden zu sein, nichts auszusetzen zu haben«.

Als Synonyme nennt der Duden »Ausgeglichenheit, Behagen, Eintracht, Erfüllung, Freude, Genugtuung, Harmonie, Seligkeit, Wohlbefinden, Wohlgefühl, Beseligung, Wohlbehagen, Wonne«.

Wer von uns wollte also dieses Wohlgefühl, diese Wonne und Erfüllung nicht erleben? Doch wenn wir alle wollen, warum erreichen dann nur wenige diesen Gipfel der Seligkeit auf Dauer? Warum haben wir zumeist das Gefühl, etwas fehlt uns, wir verpassen etwas, nur unter anderen Umständen könnten wir wirklich dauerhaft zufrieden sein?

Wissen Sie eigentlich, was Sie im Job unzufrieden sein lässt? Im Folgenden eine kleine Auswahl an Antworten, die ich üblicherweise auf diese Frage bekomme:

- *Mein Aufgabenbereich langweilt mich.*
- *Mein Aufgabenbereich überfordert mich.*
- *Meine Kollegen mögen mich nicht.*
- *Mein Vorgesetzter versteht mich nicht.*
- *Das Betriebsklima ist schlecht.*
- *Ich habe Angst, meinen Job zu verlieren.*
- *Das Büro ist zu klein/heiß/schlecht geheizt.*
- *Ich habe einen langen Anfahrtsweg.*
- *Die Bezahlung stimmt nicht.*

MEINE GANZ PERSÖNLICHEN UNZUFRIEDENHEITSFAKTOREN

Z

Definieren Sie Ihre ganz persönlichen Unzufriedenheitsfaktoren – Ich bin im Job unzufrieden weil:

....

....

....

....

....

Und jetzt bewerten Sie diese Faktoren, erstellen Sie eine Rangliste. Was nervt am meisten? Das kommt unter Punkt 1, was nervt Sie am zweitmeisten? Usw.

1. ....
2. ....
3. ....
4. ....
5. ....

Sabrina, die vor einem knappen Jahr begonnen hat, aktiv an der Optimierung ihres Z-Faktors zu arbeiten, hatte unter Punkt 1 stehen: »konservative Trägheit meines Arbeitgebers«. Sie war in einem Ministerium beschäftigt und es nervte sie, dass Entscheidungen so lange dauerten, alles so verstaubt wirkte, sie selbst überhaupt keinen Entscheidungsspielraum hatte. Logisch, dass wir bald auf einen Wechsel des Arbeitgebers zu reden kamen. »Um Himmels willen, nein, ich bin unkündbar, da verlässt man seinen Dienstgeber doch nicht.« Nun, auch das ist eine Haltung. Allerdings eine, bei der ich relativ rasch am Ende meines Verständnisses ankomme. Denn die erwähnte Unkündbarkeit kann zwar den Z-Faktor fördern, muss es aber, wie wir sehen, nicht und wird dann auch rasch zur Ausrede, sich mit einem niedrigen Z-Faktor zu arrangieren.

Im Leiden glücklich?

Sie kennen sicher auch Menschen, die in ihrem Job sichtbar leiden. Die auch in der Lage wären, aktiv eine Veränderung herbeizuführen, die aber auf jeden entsprechenden Hinweis empört reagieren.
Es ist schwierig, an diese Personen ranzukommen, sind sie doch kaum bereit, über den persönlichen Nutzen nachzudenken, den sie aus ihrem Leiden ziehen (das gilt übrigens genauso für Beziehungen, aber das ist eine andere Geschichte).

Nutzen aus Leiden? Gewinn aus Leiden? Eine provokante Unterstellung? Nein, dieser Punkt geht nicht an Sie. Es liegen Berge ernst zu nehmender psychologischer Arbeiten über dieses Thema vor: Leiden, um Aufmerksamkeit zu bekommen. Leiden, um wichtig zu sein; leiden, um sich so die Zuwendung zu sichern, die wir unter anderen Umständen nicht zu bekommen glauben. Leiden als die Möglichkeit, in physische und psychische Krankheiten zu flüchten … Und das alles nur, um ein bisschen geliebt zu werden.

Menschen klammern sich in ihrer Einsamkeit und Verzweiflung oft an schreckliche Leiden, nur um darüber irgendeine Art von Aufmerksamkeit zu erlangen. Sie werden dieses Verhalten nicht ablegen können, nur weil Sie dieses Buch lesen. Es kann ihnen aber als ›Aufdecker‹ dienen und Mut machen, sich der Thematik selbst zu stellen und, wenn notwendig, mit therapeutischer Hilfe daran zu arbeiten.

Qual oder Wahl?

Sobald wir über Veränderung nachdenken, bedeutet das immer: Wenn ich mich für etwas entscheide, entscheide ich mich gleichzeitig gegen etwas. Wenn ich verantwortungsvoll mit mir umgehe, werde ich diese Entscheidung gerne treffen. Wenn ich Angst vor Veränderung und Verantwortung habe, werde ich möglicherweise den Rest meines Lebens in einer zwar unerfreulichen, aber doch irgendwie bequemen Arbeitssituation verharren. Professor Frithjof Bergmann spricht davon, dass die meisten Menschen ihren Job als ›milde Krankheit‹ erleben, vergleichbar mit einem Schnupfen, unangenehm zwar, aber doch erträglich.

Lassen Sie uns noch etwas bei Ihrer Unzufriedenheitsanalyse bleiben. Sobald Sie die einzelnen Faktoren gereiht haben und wissen, in welchem Maße was für Ihre Unzufriedenheit zuständig ist, stellen Sie sich zu jedem der Punkte folgende Fragen und beantworten Sie diese schriftlich:

Z

WAS MÜSSTEN *ANDERE* TUN, UM DIESEN ZUSTAND FÜR MICH ZU VERBESSERN?

- **Wie könnte ich sie dazu bringen, das zu tun?**

....

....

- **Was würde sich an meinem Berufsalltag ändern?**

....

....

- **Woran würde ich die Veränderung zuerst bemerken?**

....

....

- **Welchen Einfluss hätte dies auf meinen Z-Faktor?**

....

....

- **Wie groß ist die Wahrscheinlichkeit, dass andere das tun, was ich will, und dadurch meinen Z-Faktor erhöhen?**

....

....

WAS MÜSSTE *ICH* TUN, UM DIESEN ZUSTAND FÜR MICH ZU VERBESSERN?

- **Wie könnte ich mich motivieren, dies zu tun?**

....

....

- **Was würde sich an meinem Berufsalltag ändern?**

....

....

- **Woran würden andere die Veränderung zuerst bemerken?**

....

....

- **Welchen Einfluss hätte dies auf meinen Z-Faktor?**

....

....

- **Wie groß ist die Wahrscheinlichkeit, dass ich das tatsächlich tue, was ich tun sollte, und dadurch meinen Z-Faktor erhöhe?**

....

....

Im Grunde genommen geht es bei dieser Übung darum, sich bewusst zu machen, dass Veränderung niemals von anderen erwartet werden darf, aber immer aus sich selbst heraus gestartet werden kann.

Es kann natürlich eine Veränderung der äußeren Umstände sein, die notwendig wird, um Ihren Z-Faktor zu erhöhen. Um vieles wichtiger aber ist, dass Sie vorher darüber nachdenken, ob eine Veränderung Ihrer Einstellung nicht nachhaltiger und vor allem unaufwendiger ist.

Sie haben möglicherweise schon von »Love it, change it or leave it« gehört. Das Schöne an diesem simplen Modell ist, dass es uns vor Augen hält, dass wir immer eine Wahlmöglichkeit haben.

LOVE IT – ***akzeptiere das, was passiert.***

CHANGE IT – ***verändere deine Einstellung zu dem, was geschieht.***

LEAVE IT – ***verlasse die Situation, verändere die Rahmenbedingungen.***

Eine Überlegung, die bei vielen Menschen die Bereitschaft zur Veränderung drastisch erhöht. Stellen Sie sich die Frage:

WAS PASSIERT, WENN NICHTS PASSIERT?

Wenn ich jetzt nichts verändere, was wird aus meiner Leistung im Job?

In einem Jahr: ……………………………………………………

In drei Jahren: ……………………………………………………

In zehn Jahren: ……………………………………………………

Am letzten Tag vor meiner Pensionierung: ……………………………

Wenn ich jetzt nichts verändere, was wird aus meiner Gesundheit?
(Achtung: Gesund sein bedeutet nicht, »nicht krank sein«. Die WHO definiert Gesundheit als »vollkommenes körperliches, physisches und soziales Wohlergehen«.)

In einem Jahr: ……………………………………………………

In drei Jahren: ……………………………………………………

In zehn Jahren: ……………………………………………………

In 20, 30, . . . Jahren: ……………………………………………

WAS PASSIERT, WENN NICHTS PASSIERT?

Z

**Wenn ich jetzt nichts verändere,
was wird aus meiner Beziehung?**

In einem Jahr: ....

In drei Jahren: ....

In zehn Jahren: ....

In 20, 30, ... Jahren: ....

**Wenn ich jetzt nichts verändere,
was wird aus meiner Lebensfreude?**

In einem Jahr: ....

In drei Jahren: ....

In zehn Jahren: ....

In 20, 30, ... Jahren: ....

**Wenn ich jetzt nichts verändere,
was wird aus mir?**

In einem Jahr: ....

In drei Jahren: ....

In zehn Jahren: ....

In 20, 30, ... Jahren: ....

Was glauben Sie?

Wenn Sie so klar sehen, wie sich diese Bereiche entwickeln werden, wie groß ist Ihre Bereitschaft, jetzt eine Veränderung einzuleiten, jetzt Ihren Z-Faktor hochzuschrauben? Und: Was hindert Sie daran?

Claudia, die mit einer Verbissenheit an ihrer Karriere arbeitete, dass sie Ende Dreißig in einem tiefen Burnout steckte, brach in Tränen aus, als sie erkannte, dass nicht sie es war, der diese Karriere so wichtig war. Es war ihr Vater, erfolgreicher Regionalpolitiker, der die Werthaltung seiner Tochter so nachhaltig beeinflusst hatte, dass sie völlig verlernte, ihren eigenen Instinkten zu folgen.

Die Antworten auf die oben gestellten Fragen öffneten ihr die Augen. Gesundheit: schwere Störungen, Beziehung: zerbricht, Lebensfreude: jetzt schon dahin ... Claudia entschied sich, die Notbremse zu ziehen. Zuerst hinterfragten wir ihre Glaubenssätze, die sie schon im Kindergartenalter mit ihrem Frühstückskakao täglich in sich hineinfüllte. Bei Claudia waren es:

- *Ich muss stark sein.*
- *Ich muss erfolgreich sein.*
- *Ich darf nicht weinen.*
- *Ich muss die Beste sein.*

Sätze, die ihren Vater dorthin getrieben hatten, wo er war und wo er sich als erfolgreich definieren konnte. Er hatte Macht. Die Macht, die ihm ein Leben lang wichtig war (vermutlich weil sein eigener Vater es ihm schon eingepflanzt hatte). Claudia aber war kein Machtmensch. Sie ähnelte ihrer Mutter, war eher bescheiden, nicht sehr durchsetzungsstark und ohne jegliche Ambitionen, durch Ellbogentechnik ihren Weg zu machen. Das Weltbild, die Werthaltung und die Ansprüche ihres Vaters waren also von vornherein völlig unerfüllbar für sie. Aus der engen Vater-Tochter-Beziehung heraus meinte sie aber, den Spuren ihres Vaters folgen zu müssen. Ein Satz, der für Claudia in unserer gemeinsamen Arbeit besonders wichtig wurde: »Ich möchte am Ende meines Lebens nicht feststellen müssen, dass ich am Ende des Lebens eines anderen stehe.« Das sagt Denys Finch Hatton in ›Jenseits von Afrika‹ sinngemäß zu Karen, bevor er zu seinem letzten Flug aufbricht. Eine starke Aussage eines Mannes, der sein Leben äußerst konsequent nach seinem eigenen Willen ausrichtete.

Es ist nicht einfach, seine eigenen Glaubenssätze herauszufinden. Manchmal hilft ein kleiner Umweg: Fragen Sie sich zunächst, ob Sie etwas tun/sein dürfen, und wenn nicht, warum Sie das nicht tun/sein dürfen – hier ein paar Beispielfragen, die Sie je nach Ihrer eigenen Situation gerne abwandeln dürfen:

Z

HINTERFRAGEN SIE IHRE GLAUBENSSÄTZE!

Darf ich schwach sein? ☐ Ja ☐ Nein

Nein, weil ....

Wer hat mir diesen Glaubenssatz auferlegt? ....

Was bewirkt dieser Glaubenssatz in meiner Gegenwart? ....

....

Darf ich Fehler machen? ☐ Ja ☐ Nein

Nein, weil ....

Wer hat mir diesen Glaubenssatz auferlegt? ....

Was bewirkt dieser Glaubenssatz in meiner Gegenwart? ....

....

Darf ich nein sagen? ☐ Ja ☐ Nein

Nein, weil ....

Wer hat mir diesen Glaubenssatz auferlegt? ....

Was bewirkt dieser Glaubenssatz in meiner Gegenwart? ....

....

HINTERFRAGEN SIE IHRE GLAUBENSSÄTZE!

Darf ich mein eigenes Leben leben? ☐ Ja ☐ Nein

Nein, weil ....

Wer hat mir diesen Glaubenssatz auferlegt? ....

Was bewirkt dieser Glaubenssatz in meiner Gegenwart? ....

....

Darf ich glücklich sein? ☐ Ja ☐ Nein

Nein, weil ....

Wer hat mir diesen Glaubenssatz auferlegt? ....

Was bewirkt dieser Glaubenssatz in meiner Gegenwart? ....

....

Darf ich zufrieden sein? ☐ Ja ☐ Nein

Nein, weil ....

Wer hat mir diesen Glaubenssatz auferlegt? ....

Was bewirkt dieser Glaubenssatz in meiner Gegenwart? ....

....

Die Tatsache, dass Sie nun Ihren prägenden Glaubenssätzen näher gekommen sind, bedeutet nicht automatisch, dass Sie sie los sind. Aber Sie haben nun immerhin die Möglichkeit zu erkennen, weshalb Sie sich ständig einreden, stark sein zu müssen, erfolgreich sein zu müssen, es immer allen recht machen zu müssen. Und Sie können wählen, ob Sie diesen alten Sätzen heute noch Glauben schenken, sie Ihr Leben beherrschen lassen. Manchmal ist es heilsam, mit den Menschen zu reden, die einem die Glaubenssätze ›umgehängt‹ haben. Niemand wollte Ihnen in Ihrer Kindheit und Jugend Böses, Eltern vermitteln meist unbewusst ihre eigene

Werthaltung. Wenn es gesteuert geschieht, dann in den meisten Fällen aus Liebe und in der Absicht, Ihnen damit Gutes zu tun.

Doch: Wenn ein Glaubenssatz Ihre Gegenwart negativ beeinflusst, weshalb halten Sie dann an ihm fest? Es sind ganz alte Gedanken, die in Ihrem Kopf herumspuken und Ihnen das Leben schwer machen. Reflexe, die Sie zwar nicht von heute auf morgen, aber doch abstellen können.

Z

SCHREIBEN SIE SICH MERKSÄTZE AUF!

- **Ich darf schwach sein!**
- **Ich darf Gefühle zeigen!**
- **Ich darf glücklich sein!**
- ....
- ....
- ....

Pinnen Sie diese Zettel so in Ihrer Umgebung auf, dass Sie sie ständig sehen, legen Sie sie als Bildschirmschoner an, memorieren Sie sie mehrmals am Tag. Lösen Sie sich von negativen alten Wertvorstellungen, sie haben mit Ihnen und Ihrer Gegenwart nichts zu tun!

Karrieremythen

Sie haben sich nun schon in einigen Übungen damit auseinandergesetzt, wer Ihr Denken und Handeln beeinflusst, welche Konsequenzen es hat. Was wir noch nicht besprochen haben, sind die vielen Karrieremythen, sozusagen eine Unterkategorie von Glaubenssätzen, die zu hinterfragen ein wichtiger Bestandteil Ihrer Unzufriedenheitsanalyse sein sollte. Lesen Sie die Sätze auf der nächsten Seite und hinterfragen Sie sie!

KARRIEREMYTHEN – HINTERFRAGEN SIE SIE!

- **Erfolgreich ist, wer ständig auf der Karriereleiter nach oben klettert.**
- **Der Einsatz der Ellenbogen ist unvermeidlich.**
- **Nur die Harten kommen weiter.**
- **Status hat, wer viel Geld verdient.**
- **Nur Macht macht glücklich.**
- **Ein Burnout ist der gesellschaftlich akzeptierte Beweis für Leistung.**
- **Über Boreout spricht man besser nicht.**
- **Nur erfolgreiche Männer bekommen die Frauen, die sie wollen.**
- **Erfolgreiche Frauen sind Mannweiber.**
- **Leistung ist das Einzige, das zählt im Leben.**
- **Gemessen wird man an seinen beruflichen Erfolgen.**
- **Status erwirbt man sich über seine berufliche Position.**
- **Die Wirtschaft erwartet Siegertypen.**
- **Stärke, Durchsetzungsvermögen und Härte führen zum beruflichen Erfolg.**

Auch diese Liste ist bei Weitem nicht vollständig. Und zu einzelnen dieser Mythen, die uns ständig vorgepredigt werden, passt eine Satzergänzung gut. Etwa in dieser Art:

- **Erfolgreich ist, wer ständig auf der Karriereleiter nach oben klettert.** *Viele tun den letzten Schritt auf der Leiter allerdings schon auf der Herzambulanz unter dem Sauerstoffzelt.*
- **Der Einsatz der Ellenbogen ist unvermeidlich.** *Nur dass sie sich mit der Zeit abnützen – und was dann?*
- **Nur die Harten kommen weiter.** *Die Frage ist, wohin?*
- **Status hat, wer viel Geld verdient.** *Und sich damit Dinge kauft, von denen er glaubt, er braucht sie, um andere zu beeindrucken.*
- **Nur Macht macht glücklich.** *Und sehr einsam.*
- **Ein Burnout ist der gesellschaftlich akzeptierte Beweis für Leistung.** *Hoffentlich halten Ihre Vorgesetzten Ihnen den Job frei, bis Sie wieder aus der Reha-Klinik kommen.*

Versuchen Sie, die folgenden Karrieremythen ebenso zu entlarven:

- **Über Boreout spricht man besser nicht.**
- **Erfolgreiche Männer bekommen die Frauen, die sie wollen.**
- **Erfolgreiche Frauen sind Mannweiber.**
- **Leistung ist das Einzige, das zählt im Leben.**
- **Gemessen wird man an seinen beruflichen Erfolgen.**
- **Status erwirbt man sich über seine berufliche Position.**
- **Die Wirtschaft erwartet Siegertypen.**
- **Stärke, Durchsetzungsvermögen und Härte führen zum beruflichen Erfolg.**

Nun, sieht die Sache nicht schon etwas anders aus? Ich bin Karrierecoach und deswegen schon aus beruflichen Gründen verpflichtet, Menschen auf dem Weg ihrer Karriere zu begleiten. Aber bevor ich den ersten Schritt setze, muss jeder meiner Klienten sich und mir einige Fragen beantworten – Jetzt sind Sie dran:

Z

BEANTWORTEN SIE FOLGENDE FRAGEN:

- **Was bedeutet Karriere für mich?**
- **Welchen Einfluss hat Karriere auf mein Leben?**
- **Wie wird Karriere mich verändern?**
- **Was gebe ich auf, um Karriere zu machen?**
- **Was gewinne ich?**

Auf den Blickwinkel kommt es an

Klaus, mit dem gemeinsam ich seine Aufzeichnungen des vergangenen Monats besprechen wollte, zeigte mir seine Auswertung: beruflicher Z-Faktor 29 mal null und zweimal 25 Prozent. Im privaten Bereich wochentags durchgehend null, an den Wochenenden maximal 50 Prozent.

Klaus, Verkäufer in einem Autohaus, hatte mir früher schon von Umsatzproblemen und einem selbstherrlichen Verkaufsleiter erzählt, seine private Situation mit Frau und zwei Kindern schien mir nach unseren ersten Gesprächen aber durchaus erfüllend. Wie konnte es dann zu einem derart durchgängig schlechten Z-Faktor kommen?

Ich sah mir seine beruflichen Auslöser an: »Kunde kauft nach zweiter Probefahrt Konkurrenzprodukt, VL (Verkaufsleiter) pflaumt mich vor Kollegen an, Blechschaden mit Vorführwagen, endloser Stau auf der Autobahn, Kundentermin geplatzt, 3 Überstunden, für Kollegen Samstagsdienst übernommen, Monatsziel nicht erreicht . . .«. Am 21., dem Tag, an dem er 25 Prozent eingetragen hatte, stand: »EDV funktioniert endlich wieder!«, am 22.: »EDV funktioniert noch immer!«

»Und wie ist es privat gelaufen?«, war meine Frage an ihn. »Ganz gut, wie immer, ein paar nette Ausflüge mit den Kindern, einmal Oper, und den Geburtstag meiner Frau haben wir mit einem ganz besonders tollen Abendessen gefeiert.«

»Wie kommt es dann aber, dass Sie auch hier so wenig Zufriedenheit erleben?«

»Ich kann das alles einfach nicht mehr genießen. Beim Spazierengehen fällt mir mein Verkaufsleiter ein, in der Oper mache ich mir Notizen für den nächsten Arbeitstag, und wenn die Kinder um mich herumtoben, würde ich sie am liebsten vor den Fernseher setzen, um meine Ruhe zu haben.«

Klaus dachte lange nach. »Hm, ich glaube, ich habe gar nicht mehr die Energie, das Positive zu sehen, ich bin wohl schon zu sehr auf das Negative fixiert.«

Damit befindet sich Klaus in einer großen Gemeinschaft. Wir sehen nicht den wunderschön geschriebenen Aufsatz, wir sehen die fünf Rechtschreibfehler. Wir hören nicht die anerkennende Bemerkung der Kollegin, wir hören nur die Kritik. Wir sehen nicht das satte Holzbraun eines Tisches, wir sehen die zwei Scharten an der Längskante. Wir sind oft schon so deprimiert und unzufrieden, dass wir nur das Haar in der Suppe, nicht aber die Suppe sehen können.

Machen wir doch einen kleinen Test: Füllen Sie – ohne groß nachzudenken – die beiden Spalten aus:

MEINE STÄRKEN, MEINE SCHWÄCHEN	
Meine Stärken	**Meine Schwächen**

Was ist Ihnen leichter gefallen? In welcher Spalte steht mehr? Ich vermute, auch Sie sind eher ein Defizitdenker als ein Ressourcendenker, sehen die Soll- und nicht die Habenseite. Und so wie wir an uns eher das Negative bzw. die Mängel erkennen, geht's uns auch bei anderen. Schöne Erlebnisse, angenehme Gespräche, kleine liebevolle Gesten nehmen wir vielleicht wahr, aber wir nehmen sie zu wenig zur Kenntnis.

Um Ihren Z-Faktor zu erhöhen, braucht es einen klaren, bewussten Blick auch auf das Positive und Schöne im Leben, so klein es Ihnen auch erscheinen mag. Weg vom Mangeldenken hin zum Ressourcendenken – ein großer Schritt in Richtung optimaler Z-Faktor.

Klaus' Auswertung seines Z-Faktors des nächsten Monats sah schon deutlich besser aus. Er bezog in seine Wertung nun auch die schönen, scheinbar alltäglichen Erlebnisse ein. Das hob den Monatsdurchschnitt seines privaten Z-Faktors auf über 75 Prozent. Seine mutlose Haltung des Vormonats (»Von null auf hundert? Das schaffe ich nie.«) wich einer produktiven Zuversicht.

Zurück zu Ihrer eigenen Auswertung. Vermeiden Sie den Fehler, den Klaus gemacht hat, und beschreiben Sie jeweils die Auslöser für Ihren täglichen Z-Faktor. Die nächste Überlegung muss sein:

WAS WIRKT WIE AUF IHREN Z-FAKTOR?

Was ist konkret passiert?

Wer hat diesen Auslöser gedrückt?

Was hat er oder sie gemacht?

Was war Ihr Anteil, dass die Situation so abgelaufen ist?

Was hätten Sie tun müssen/können, um durch diesen Vorfall Ihren Z-Faktor nicht zu gefährden?

Weshalb haben Sie das nicht getan?

Was wäre Ihr Nutzen gewesen, hätten Sie die Situation positiv beeinflusst?

Diese Fragestellungen scheinen kompliziert und zeitaufwendig. Das sind sie anfangs bis zu einem bestimmten Grad auch. Aber lassen Sie sich nicht davon abbringen, Situationen, die Ihren Z-Faktor deutlich beeinträchtigen, so genau zu analysieren. Sie werden – wenn Sie bereit sind, immer auch über

Ihren Anteil bzw. Ihre Möglichkeit zur Einflussnahme nachzudenken – bald begreifen, dass meistens nur wenige Verhaltensmuster dahinterstecken, die es zu erkennen gilt. Und alles, was Ihnen bewusst ist, können Sie bewusst beeinflussen! Humboldt nennt das innerliche Sich-glücklich-Fühlen, also die Zufriedenheit mit sich und seinem Leben, »eine Gabe des Schicksals«. Die man sich allerdings selbst erkämpfen muss. »Es kommt nur auf die Kraft des Entschlusses und einige Gewöhnung zur Selbstüberwindung an.« Und Dale Carnegie erinnert uns, dass Glück nicht davon abhängt, wer wir sind oder was wir haben. Es hängt davon ab, was wir *denken*.

Auslöser und Motive für Veränderungen

Es macht meiner Erfahrung nach einen großen Unterschied, ob ein junger Mensch über Veränderung und Optimierung seines Z-Faktors nachdenkt oder ob meine Gesprächspartner schon älter sind, also jenseits der Fünfzig.

Die Motive jüngerer Menschen sind unter anderem

- eine rebellische Haltung: »So wie die Alten will ich nicht enden!«,
- eine resignative Haltung, besonders wenn der Berufseinstieg nicht oder nur schwer klappte,
- eine Idealisierung des Andersseins, ohne zu wissen, was es exakt bedeutet.

Die Motive Älterer sind unter anderem

- völlige Erschöpfung,
- die Erkenntnis, dass Lebenszeit nicht endlos dehnbar ist und sie mehr als die Hälfte ihres Lebens schon hinter sich haben,
- das Scheitern einer Beziehung,
- Tod oder Krankheit eines lieben Menschen,
- die Konkurrenz Jüngerer, denen sie sich nicht mehr gewachsen fühlen,
- das ständig raschere Arbeits- und Lebenstempo.
- Manchmal ist es auch die schlichte Erkenntnis, »das kann doch nicht alles gewesen sein ...«.

Was sind Ihre Motive? Weshalb wollen Sie in Ihrem Berufsleben etwas unbedingt ändern?

ICH DENKE ÜBER VERÄNDERUNG NACH, WEIL
1. ....
2. ....
3. ....
4. ....
5. ....

Schreiben Sie zunächst völlig ungefiltert auf, was Ihnen einfällt. Im nächsten Schritt nehmen Sie jeden der Punkte her und stellen sich dazu folgende Fragen:

Warum bin ich ....

Kann ich diesen Zustand oder meine Meinung dazu auch ändern, ohne meinen Job/mein Unternehmen zu wechseln?

....

Was muss ich tun, um jetzt sofort, in diesem Augenblick nicht mehr

.... **zu sein?**

Was kann ich tun, um mir dieses gute Gefühl zu erhalten, wenn ich morgen wieder an meinem Arbeitsplatz bin?

....

Der ideale Arbeitstag

Nächste Übung – und ich höre Sie schon stöhnen: ein Aufsatz! Schreiben Sie eine Geschichte über einen ganz normalen Arbeitstag. Gehen Sie möglichst detailliert auf alles Frustrierende ein, auf ekelhafte Kollegen, schlecht gelaunte Vorgesetzte, nicht zu bewältigende Aufgaben, Pannen, lästige Kunden etc.

Toben Sie sich richtig aus, spucken Sie Gift und Galle, ärgern Sie sich grün und blau. Schreiben Sie alles nieder, was Ihnen den Berufsalltag täglich so vergällt.

Wenn die Luft raus ist, nehmen Sie ein neues Blatt und beschreiben denselben Arbeitstag so, wie er für Sie ideal wäre. Schreiben Sie die Geschichte um – und Sie schreiben Ihre eigene Geschichte um! Und nun die Gretchenfrage:

Z

- **Was können Sie persönlich tun, um dieses Idealbild eines Arbeitstages Wirklichkeit werden lassen?**
- **Was müssten Sie sagen, wie müssten Sie reagieren, vorgehen?**
- **Was müssten Sie unterlassen, damit andere sich Ihnen gegenüber anders verhalten?**

Leo rief mich an, als er den letzten Teil der Aufgabe gelöst hatte. Er schien richtig aufgedreht am Telefon: »Es ist unglaublich. Wenn ich einen Arbeitstag so aufdrösle und mir die einzelnen Situationen vorstelle, komme ich drauf, wie sehr auch ich daran beteiligt bin, dass so vieles so unerfreulich abläuft. Ich dachte immer, die anderen sind schuld. Nun, einige Situationen gibt's schon, wo ich nichts beitragen kann, aber das Meiste hat tatsächlich mit meinem Verhalten zu tun, ist oft nur eine Reaktion der anderen auf das, was ich sage oder tue.«

Leo hat richtig erkannt, Kollegen, Vorgesetzte, Arbeitgeber sind nicht für sein Lebensglück verantwortlich! Ohne seinen Beitrag, ohne seine Bereitschaft, sich auch selbst zu ändern, wird nichts geschehen. Und in dem Moment, in dem Leo seinen Beitrag und vor allem seine Möglichkeiten erkannte, unerfreuliche Situationen zu beeinflussen, nicht mehr Opfer, sondern Gestalter zu sein, war klar: Hier brauchte es keine großartigen beruflichen Veränderungen, um seinen persönlichen Z-Faktor deutlich zu steigern.

Verändern – oder nur Umdenken?

Erst wenn klar ist, dass Sie Ihren Z-Faktor ohne gröbere Veränderungen im Außen nicht erhöhen können, schauen Sie sich den erforderlichen Veränderungsbedarf genauer an. »Nicht die Dinge selbst, sondern nur unsere Vorstellungen über die Dinge machen uns glücklich oder unglücklich.« Epiktet, ein griechischer Philosoph, hat sich mit seinen Kollegen in den Athener Wandelhallen sicherlich nicht über den Z-Faktor unterhalten, doch hat seine Feststellung sehr viel mit dem Thema zu tun, mit dem wir uns jetzt beschäftigen.

Wenn es Ihnen gelingt, Ihre Vorstellung über Ihr derzeitiges Berufsleben zu verändern, kann es nämlich sein, dass Sie sich den Aufwand der Jobsuche sparen und Ihren Z-Faktor trotzdem deutlich verbessern können.

Erfolgreich *und* zufrieden?

»Kann man eigentlich eine erfolgreiche Karriere machen und trotzdem einen hohen Z-Faktor haben?«, wollte Peter, ein junger Mann, der eben die ersten Schritte in der Arbeitswelt getan hatte, von mir wissen. »Wenn es die richtige Karriere für dich ist, garantiert sie dir sogar einen hohen Z-Faktor.« – »Und was ist die richtige Karriere für mich?«

Diese Frage kann und vor allem darf man niemals für einen anderen beantworten. Das Problem ist nur, keiner hält sich dran. Die Eltern wissen, wie die berufliche Zukunft, sprich Karriere ihres Kindes sein wird, noch bevor die Wehen eingesetzt haben. Die Lehrer und Professoren wissen, was wir tun sollen. Berufsberater empfehlen uns Weiterbildungen, die der Markt nachfragt, unabhängig davon, ob wir selbst danach gieren, Ingenieur oder Finanzberater zu werden. Und dann sind da noch die Partner: »Was können wir uns nicht alles leisten, wenn du diesen Job annimmst!« Nicht zu vergessen die Öffentlichkeit, die ganz klar vorgibt, wann jemand als erfolgreich zu sehen ist. Das öffentliche Abbild von erfolgreichen Menschen stellt sich dabei in etwa so dar:

Mann: zumindest mittleres Management oder Unternehmer, möglichst viele ›Untergebene‹, großes Budget und gaaaaaaanz viel Macht, extrem hohes Einkommen plus Aktienoptionen, hart in seinen Entscheidungen. Optisch ansprechend mit attraktiver Frau und wohlgeratenen Kindern, vielen prominenten Freunden und Menschen, die ihm gerne Gutes tun, um sich in der persönlichen Beliebtheitsskala des Verehrten weiter oben zu positionieren. Stadtwohnung, Landhaus, Autos und regelmäßig gute Presse …

Frau: meist Single ohne Kind, etwa ab mittlerem Management, beste Ausbildung, gut aussehend, gepflegt, charmanter Führungsstil, super Einkommen, hohes Fachwissen. Wenn Mutter, dann aber multitasking-erprobt. Lächelnd, links das Babyfläschchen, rechts der Blackberry, Kinder-, Putz-, Bügelfrau …

»Ich habe nicht studiert, um eine überqualifizierte Mutter und Hausfrau zu sein. Das ist Verschwendung meines intellektuellen Kapitals«, so Charlotte Eblinger, Geschäftsführerin eines Unternehmens für Personal- und Managementberatung, in einer Diskussionsrunde zum Thema ›Lebensmodell Karrierefrau‹. Ich könnte mir vorstellen, dass Frauen, die sich (trotz Ausbildung) fürs Kind und gegen die Karriere entscheiden, diese Aussage etwas irritierend finden werden, denn so ganz ohne Hirn und Wissen kommt man als Hausfrau auch nicht durch. Aber, und das hat mich wieder versöhnt, Eblinger meint auf die Frage, ob sie dabei Opfer bringen müsse: »Wären es Opfer, ich würde es nicht tun. Ich mache es freiwillig, die Verantwortung liegt bei mir. Ich kann jederzeit etwas ändern.« Klingt, als hätte Charlotte Eblinger einen durchaus akzeptablen Z-Faktor.

Also, die Antwort auf die Frage nach der möglichen Kompatibilität von Z-Faktor und Berufserfolg lautet: Ja, ja und nochmals ja. Sie ist möglich, sie stellt einen Idealzustand dar, und wir alle sollten alles dafür tun, diesen auch zu erreichen, unabhängig von der hierarchischen Ebene, in der wir tätig sind.

Und wieder führt alles zu den grundsätzlichen Überlegungen, einer Standortbestimmung:

- *Was bedeutet Erfolg für mich?*
- *Was bedeutet Zufriedenheit für mich?*

Überlassen Sie die Bewertung Ihres Erfolges nicht den anderen

Vielleicht erinnern Sie sich noch zurück an eine Ihrer ersten Zeichenübungen oder die Ihrer Kinder. Mein Sohn kam aus der zweiten Volksschulklasse mit einem großen Packpapierbogen heim. »Ich bin mit meiner Bauernhofzeichnung nicht fertig geworden, jetzt darf ich sie daheim machen.« (Es gab sie, die Zeit, in der wir Arbeit mit nach Hause nehmen ›durften‹). Begeistert setzte er sich an seinen Tisch, häufte jede Art von bunten Stiften vor sich auf und verlor sich völlig in seinem Bauernhof. Er malte einen monströsen Neunkanthof in Draufsicht, besiedelte ihn mit Heerscharen von Tieren (die größtenteils und üblicherweise in Zoos und Reservaten vorkommen), Fichten und Bananenbäume wuchsen nebeneinander in den Himmel, eine breit grinsende Sonne und haufenweise Maschinen, die aussahen wie Kreuzungen aus Rasenmähern und Raumschiffen. Und weil noch Platz war auf dem großen Papierbogen, setzte er ein Piratenschiff daneben mit armamputiertem, einäugigem Piratenchef. Mein Sohn wusste damals, wie Salzburger Bauernhöfe üblicherweise aussehen, aber »eigentlich sollten Bauernhöfe so aussehen, da sind sie viel schöner, oder?« erklärte er mir ernsthaft.

Er hatte seine Vision eines Bauernhofes zu Papier gebracht und war unendlich stolz darauf (ich auf ihn auch). Als er am nächsten Tag von der Schule heimkam, war ihm anzusehen, dass etwas vorgefallen sein musste. Als er zerknirscht sein Bauernhofplakat auspackte, verstand ich. Die Lehrerin hatte alles, das nicht einem herkömmlichen Bauernhof entsprach, mit dicken roten Balken durchgestrichen. Der Elefant, das Piratenschiff, die Bananenstauden, das Krokodil, das Space-Mäh-Shuttle fielen ihrer Zensur zum Opfer. Selbst das Kamel, das eigentlich noch als Kuh hätte durchgehen können. Weil nicht sein kann, was nicht sein darf.

Und wieder etwas fürs Leben gelernt, kleiner Mann: Passe deine Fantasien und deine Visionen gefälligst der Realität an, erkenne möglichst bald deine Grenzen und du wirst den Rest deines Lebens keine Probleme mehr damit haben. Du musst begreifen, dass es dir nicht guttut, dich für etwas Besonderes zu halten.

Warum ich Ihnen diese Geschichte erzähle? Gegenfrage: Wer macht durch Ihre Visionen immer dicke rote Striche? Und was tut das mit Ihnen?

Versuchen Sie in der nächsten Übung alle Rotmaler und Schwarzseher auszublenden und tatsächlich nur das aufzuschreiben, was Sie denken und meinen:

Z

GANZ EHRLICH – WAS DENKEN SIE?

Was ist Erfolg für mich?

Erfolg bedeutet, dass ich ....

Erfolg bedeutet, dass ich ....

Erfolg bedeutet, dass ich ....

Was macht mich zufrieden?

Ich bin zufrieden, wenn ich ....

Ich bin zufrieden, wenn ich ....

Ich bin zufrieden, wenn ich ....

Seien Sie ganz konkret! Zufrieden bin ich, wenn ich täglich zumindest eine Stunde Zeit für mich habe, wenn ich im Sommer einen Keramikkurs besuchen kann, ... Erfolg bedeutet, dass ich mir meine Arbeitszeit frei einteilen kann, mein Wissen verwenden und ausbauen kann, . . . Und dann tun Sie einfach so, als wäre das alles schon Realität. Setzen Sie sich hin und geben Sie Ihrem Hirn grünes Licht:

»Ich bin zufrieden, erfolgreich, ich bin, ich habe, ich tue . . .«.

Wie fühlen Sie sich, wie sehen Sie aus, was sehen Sie um sich herum, was sagen Sie, was hören Sie, was haben Sie an? Schenken Sie sich in Gedanken ein Glas Ihres Lieblingsgetränks ein, stoßen Sie auf Ihren Erfolg an. Wie schmeckt das, wie riecht es um Sie herum?

Genießen Sie den Zustand dieser Zufriedenheit. – Und während Sie das tun, werde ich mich um den Z-Faktor meines Hundes kümmern, der schon seit Stunden neben mir liegt, und mit ihm eine Runde durch den Wald marschieren.

Wie war Ihre kleine Traumreise? Sie sollten sich Ihr Unterbewusstsein durchaus öfter zu Diensten sein lassen. Es ist um so viel mächtiger als das mickrige Stückchen Bewusstsein, das wir für unsere Welt halten. Sie kennen den Eisbergvergleich sicherlich, rufen Sie ihn sich öfter in Erinnerung und lassen Sie die 90 Prozent Ihres Bewusstseins, die nicht öffentlich zugänglich sind, für sich arbeiten. Je realer (mit allen Sinnen spürbar) die Bilder sind, die Sie sich erlauben, umso stärker beeinflussen diese Ihr Bewusstsein, Ihre Realität und Ihre Zukunft.

Kapitel 3

So erhöhen Sie Ihren Z-Faktor

Die Lottofrage

Sie mussten sich in diesem Buch schon jede Menge Fragen stellen, jetzt kommt eine, die ganz besonders viel Spaß macht: **Was würden Sie tun oder ändern, wenn Sie, sagen wir mal, drei Millionen Euro im Lotto gewonnen hätten?**

Bevor Sie nun Ratio anwerfen und vernünftig darüber nachdenken, geben Sie Emotio eine Chance und geben Sie sich ein paar Minuten lang dem Gefühl des Gewonnenhabens hin. Drei Millionen Euro – ein Vermögen. Schließen Sie die Augen! Welches Gefühl stellt sich ein? Kosten Sie es so richtig aus!

☺☺☺☺☺☺☺☺☺☺☺☺☺☺☺☺☺☺☺☺☺☺

So, das muss reichen, jetzt knipsen Sie Ihr rationales Denken wieder an:

SIE HABEN 3 MILLIONEN EURO IM LOTTO GEWONNEN . . .

Welchen Einfluss hätte der Gewinn auf Ihre Lebensplanung?

....

Welchen Einfluss hätte der Gewinn auf Ihren Z-Faktor insgesamt?

....

Auf welchen der vier Bereiche soziale Geborgenheit, wirtschaftliche Geborgenheit, sinnstiftende Tätigkeit und körperliches Wohlbefinden hätte der Gewinn mehr oder weniger Einfluss?

....

Wie lange schätzen Sie, würde dieser Einfluss erhalten bleiben?

....

Udo hatte folgendes Bild vor Augen: *Ich lebe nur mehr für mein Hobby* (er ist ein begeisterter Hobbykoch mit Schwerpunkt traditionelle österreichische Küche). *Ich kaufe mir ein kleines Bauernhaus in Kärnten und koche drei Mal die Woche auf. Die restliche Zeit kümmere ich mich um die Restaurierung des Hauses, den Kräutergarten und vielleicht habe ich auch ein paar Ziegen und Hühner.*

Emmi entwickelte folgendes Szenarium: *Zuerst arbeite ich ein Jahr lang bei ›Ärzte ohne Grenzen‹ mit, dann schreibe ich endlich meine Dissertation fertig und bewerbe mich anschließend bei einer Hilfsorganisation als juristische Mitarbeiterin.*

Karl fantasierte: *Ich baue eine Schule auf, in der Kindern die Werte beigebracht würden, die ich für lebenswichtig halte. In meiner Schule lernen Kinder aller Ethnien das Miteinander und vor allem auch, dass es erlaubt ist, voneinander abzuschreiben und einander zu helfen. Die Kinder in meiner Schule haben leuchtende Augen und sind neugierig.*

Sind die Visionen von Udo, Emmi und Karl wirklich nur über einen Lottogewinn erfüllbar?

Viele von uns schleppen Träume mit sich herum, die sie sich – weil träumen uns ja schon in frühen Jahren gründlich ausgetrieben wurde (träum nicht so viel vor dich hin, bleib am Boden, starr keine Löcher in die Luft, verplempere deine Zeit nicht mit Hirngespinsten) – nicht mal zu denken trauen, geschweige denn auszusprechen.

- **Was also würden Sie mit dem Lottogewinn tun?**
- **Welchen nachhaltigen Einfluss hätte die Realisierung Ihrer Vision auf Ihren Z-Faktor?**
- **Unter welchen Voraussetzungen wäre dieses Vorhaben auch ohne Lottogewinn möglicherweise umsetzbar?**

Übrigens: Ein einziges Mal bekam ich die Antwort: »Mit drei Millionen? Da lege ich mich auf die faule Haut und rühre den Rest meines Lebens keinen Finger mehr.« Aber selbst dieser Mensch musste letztendlich zugeben, dass er sich nicht sicher war, dieses Nichtstun auch lebenslänglich erfüllend zu finden.

Die gute Nachricht

Wenn Sie es schaffen, Ihren Z-Faktor dauerhaft hochzuhalten, ist das Gefühl, das Sie vorhin mit dem Bild des Lottogewinns hatten, eine Kleinigkeit verglichen mit dem Gefühl, das Ihnen Ihr hoher Z-Faktor den Rest Ihres Lebens bescheren wird.

»Keep your feet on the ground, and try reaching the stars«, das sollte Ihr Lebensmotto sein (oder werden). Und denken Sie daran, ob Sie glauben, etwas geht, oder ob Sie glauben, etwas geht nicht, Sie werden immer recht behalten. Das Leben ist nun mal eine einzige dauerhafte Folge von Veränderungen. Zum Guten, zum weniger Guten, manchmal willkommen, manchmal könnten wir darauf verzichten, es geht rauf, es geht runter.

Denken Sie an die Geschichte mit dem Gartenzwerg. Einmal Schaufel, immer Schaufel? Veränderung ist in der Natur nicht nur vorgesehen, sie ist die Basis für Überleben und Weiterentwicklung.

Stehen Sie also dazu, wenn Sie nach Ihrer Promotion nicht Arzt, sondern Antiquitätenhändler werden wollen, in Ihrer Lebensmitte einen für Sie unsinnig gewordenen Führungsanspruch im Job aufgeben und Winzer werden oder als Lagerarbeiter die Studienberechtigungsprüfung machen, um einen Fachhochschul-Lehrgang zu besuchen.

Wenn eine berufliche Veränderung erforderlich ist, um in Ihrer restlichen Lebenszeit einen höheren Z-Faktor zu haben, dann hören Sie auf, davon zu träumen, realisieren Sie dieses Vorhaben.

Leben – und planen

Seit Jahrzehnten fasziniert mich das Thema Zufriedenheit, deren Steuerungsmechanismen und der Unterschied zwischen Menschen, die offensichtlich zufrieden mit sich und ihren Lebensumständen sind, und anderen, die ständig mit sich, Gott und der Welt hadern. Ich lernte reiche Unzufriedene kennen und arme Zufriedene, unzufriedene Berühmte und zufriedene Unbekannte und analysierte unzählige Gespräche.

In Anlehnung an die ›Theorie Multipler Diskrepanzen‹ von Alex C. Michalos konnte ich immer wieder sehen: Für die Optimierung des Z-Faktors gelten folgende vier Maßstäbe, die Menschen üblicherweise zur Bewertung ihrer Lebenssituation verwenden.

MASSSTÄBE FÜR DIE OPTIMIERUNG DES Z-FAKTORS

1. **Das, was ich mir wünsche**
2. **Das, was andere, die für mich bedeutsam sind, bereits haben**
3. **Das, wozu ich mich berechtigt fühle, was ich verdient zu haben glaube**
4. **Das, was ich brauche**

Je enger diese Bereiche beieinander liegen, je ähnlicher sie sind, umso höher ist Ihr persönlicher Z-Faktor.

Modell A: ein Mensch mit einem sehr geringen Z-Faktor

Seine Wünsche, seine Bedürfnisse, seine Vorbilder und seine Lebenserwartungen liegen ganz weit auseinander, das Risiko auszubrennen, aufzugeben, zu erkranken, ist enorm hoch. Sowohl Job als auch Beziehung sind gefährdet.

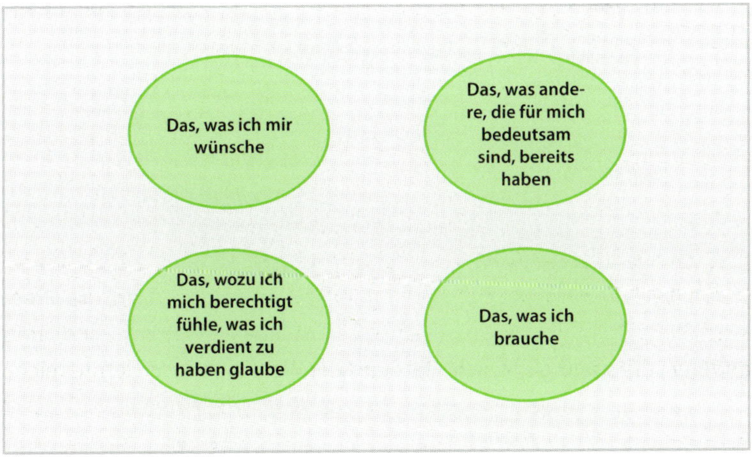

Modell B: ein Mensch mit einem sehr hohen Z-Faktor

Das, was er sich für sich wünscht, entspricht dem, was er meint zu brauchen. Er hat das Gefühl, verdient zu haben, was er ist, was er besitzt, und er schielt nicht ständig zu anderen, ist unabhängig, frei von Neid und Missgunst.

Immer wieder wurde ich nach einer Möglichkeit gefragt, das Leben und damit die Verbesserung des Z-Faktors langfristig planen zu können. Also suchte ich nach schlüssigen Analogien. Ich suchte Vergleichsmöglichkeiten in der Planung des Baus eines Hauses, der Anschaffung eines Autos, mit Waldbewirtschaftung, Tunnelbau, Kochrezepten, mit Großevents und dem nächsten Jahresurlaub. Nehmen wir Letzteren mal her: Was überlegen wir uns dazu?

- *Von wann bis wann werde ich Urlaub machen?*
- *Wohin soll es gehen?*
- *Wen nehme ich mit?*
- *Womit werde ich reisen?*
- *Was darf das Ganze kosten?*

Die Frage »Warum mache ich eigentlich Urlaub?« stellt sich kaum jemand. Umgelegt auf unsere Lebensplanung könnten die Fragen so lauten, wie im folgenden Kästchen angegeben:

FRAGEN ZU MEINER LEBENSPLANUNG

- **Welches Lebensziel will ich erreichen?**
- **Bis wann will ich was erreicht haben?**
- **Welcher Partner wird mich dabei begleiten?**
- **Welche Ressourcen stehen mir zur Verfügung?**
- **Was bin ich bereit, für die Erreichung meines Lebenszieles zu tun?**

Die Frage »Warum lebe ich eigentlich?« stellt sich kaum jemand. Vielleicht beginnt Lebensplanung aber genau mit dieser Frage. Können Sie sie beantworten?

Auf wen hören Sie?

Wir alle stehen unter dem massiven Einfluss unterschiedlichster Einflüsterer, jeder hat gute Tipps für uns, wie wir unser Leben optimal planen:

- **Unsere Eltern raten uns, etwas Anständiges zu lernen.**
- **Unsere Partner raten uns, eine großartige Karriere zu machen.**
- **Unsere Bank rät uns, Geld auszugeben.**
- **Unser Vermögensberater rät uns, Geld anzulegen.**
- **Die Werbung rät uns, viel zu kaufen, denn nur das macht ein Leben lebenswert.**
- **Unsere Vorgesetzten raten uns zu größtmöglichem Einsatz, nur dann gäbe es eine Beförderung.**
- **Eine Volksweisheit rät uns, ein Haus zu bauen, ein Kind zu zeugen und einen Baum zu pflanzen.**

Und wir reden jetzt noch nicht davon, welchen Einfluss die Gene auf unsere Lebensplanung haben können.

Ganz schön viel, was wir so alles in unser Leben packen sollten. Und das Ganze dann auch noch in unsere Lebensplanung gießen? Das kann nicht klappen.

Wie wäre es, wenn wir unsere Lebensplanung völlig anders angehen? Wenn wir einsehen, dass unser Leben in der Gesamtheit nur begrenzt planbar ist? Hüten Sie sich vor Über-Planung, das ist zu starr, passt nicht zum Leben mit all seinen Höhen und Tiefen und Überraschungen.

Was uns nicht davon abhalten darf, uns Ziele zu setzen und eine Vision zu entwickeln – was uns, stellen wir unsere mehr oder weniger massiven Einflüsterer ab, dazu führen wird, dass wir vom Stadium des ›Geplant-Werdens‹ in das Stadium des ›Selber-Planens‹ kommen. Ein erster wichtiger Schritt.

Welches Bild sehen Sie vor Augen, wenn Sie sich fragen: »Was ist Leben eigentlich?« Harry, mein Lebensweiser, hat darauf eine klare Antwort:

Leben ist das Ergebnis aus Planung und Schicksal. Plagen Sie sich also nicht damit herum, Ihr zukünftiges Leben – von dem Sie nicht wissen, in welchem Ausmaß es Ihnen überhaupt zur Verfügung stehen wird – zu detailliert zu planen.

Legen Sie für sich einen Kurs fest und dann: Halten Sie diesen Kurs! Rechnen Sie fix damit, dass vieles anders kommen wird, als Sie es ursprünglich geplant hatten. Es wird Rückschritte, Niederlagen, Stillstand geben. Begreifen Sie Planung als einen lebenslangen, permanenten Prozess des Formens, des Agierens und Reagierens, des Anpassens an Unerwartetes.

Das alles wird Sie nicht davon abhalten, ein Leben lang an Ihrem Z-Faktor zu arbeiten und Ihren Weg als lebenslängliche Orientierungsarbeit zu sehen, die es braucht, um am Ende sagen zu können: **Ich war ein zufriedener Mensch.**

Selbstverständlich setzen Sie sich Ziele, aber Etappenziele. Legen Sie besser kürzere als längere Realisierungshorizonte fest. Planung braucht Augenmaß, Ihre Ziele sollen ambitioniert sein, aber nicht völlig irre. Die These »Was jemals ein Mensch geschafft hat, ist für jeden Menschen zu schaffen« halte ich nicht für richtig. Wenn Sie schaffen, was Sie nach Einsatz Ihres gesamten Potenzials zu schaffen imstande sind, sind Sie Weltmeister. Zu unser aller Entlastung muss man aber auch festhalten, dass viele Menschen erst während ihres Lebens erkennen, was tatsächlich in ihnen steckt und vor allem, was davon ihren Z-Faktor erhöht. Erhalten Sie sich deshalb Ihre Beweglichkeit und bauen Sie Sollbruchstellen ein. Wenn Sie meinen, es wäre Zeit für Veränderung, dann verändern Sie!

Bedenken Sie aber, dass Planung und vor allem Planabweichungen auch Einfluss auf andere haben. Und dass Sie aus diesem Grund die Verantwortung haben, nicht sprunghaft und leichtfertig mit Ihren Zielen umzugehen.

Beim Planen werfen wir einen Blick in die Zukunft, einen vermeintlichen Blick. Wir projizieren unsere Gegenwart meist in einer etwas bunteren Version in die Zukunft, wir denken mit unserem heutigen Hirn über Morgiges nach, wir spekulieren, und Spekulation bedeutet immer, Risiko einzugehen.

Verabschieden Sie sich daher von dem dringenden Wunsch, Ihr ganzes Leben exakt durchzuplanen, und freuen Sie sich stattdessen darauf, ihm als das zu begegnen, was es ist: ein unglaubliches Abenteuer. Doch behalten Sie im Auge: Wenn gar nichts geplant wird, geht in jedem Fall alles in die Hose.

Die Drei-Monats-Planung

Nun zurück zu Ihrem individuellen Z-Faktor. Nehmen Sie Ihre Aufzeichnungen zur Hand: Wie hoch ist der Faktor derzeit? Verglichen mit einem Optimalwert von 100 Prozent, wo liegen Sie? Beziehen Sie Ihre Wertung nicht auf den Augenblick, sondern versuchen Sie eine Bewertung der letzten Wochen.

Da ich nicht annehme, dass Sie auf jeweils 100 Prozent gekommen sind: Wie realistisch scheint es Ihnen, in einem einzigen Sprung von Ihren derzeitigen x Prozent auf 100 Prozent zu kommen? Ist das überhaupt machbar? Wäre es eine Erleichterung, über Zwischenschritte nachzudenken? Was wünschen Sie sich innerhalb der nächsten drei Monate zu erreichen? – Betrachten Sie dazu die vier Teilbereiche, die ›Zutaten‹ zur Ihrer Zufriedenheit, die ich mit der Formel Z = sG + wG + sT + kW beschrieben habe. Tragen Sie Ihren derzeitigen gefühlten Status hier ein:

Z-FAKTOR IN DEN 4 TEILBEREICHEN VOM .... *(Datum)*

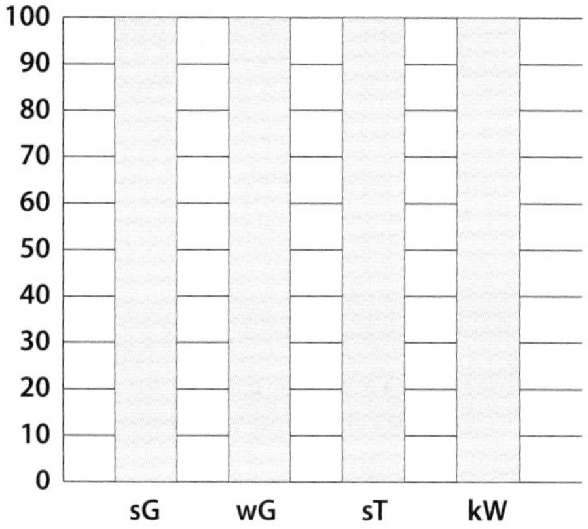

Und nun überlegen Sie, welche Veränderungen Sie herbeiführen möchten:

- **In den nächsten drei Monaten wünsche ich mir eine Verbesserung meiner sozialen Geborgenheit (sG) von .... Prozent auf .... Prozent.**
- **In den nächsten drei Monaten wünsche ich mir eine Verbesserung meiner wirtschaftlichen Geborgenheit (wG) von .... Prozent auf .... Prozent.**
- **In den nächsten drei Monaten wünsche ich mir eine Verbesserung meiner sinnstiftenden Tätigkeiten (sT) von .... Prozent auf .... Prozent.**
- **In den nächsten drei Monaten wünsche ich mir eine Verbesserung meines körperlichen Wohlbefindens (kW) von .... Prozent auf .... Prozent.**

Um bei dem Bild der Fee zu bleiben: Wenn Sie eine gute, eine wirklich gute kennen, könnten Sie diese jetzt damit beauftragen, sich um Ihren Z-Faktor zu kümmern. Andernfalls wird Ihnen nichts anderes übrig bleiben, als diesen Job selbst zu übernehmen. Sicherheitshalber deshalb die nächste Aufgabe: Was müssen Sie tun, um Ihren aktuellen Z-Faktor innerhalb der nächsten drei Monate von .... Prozent auf .... Prozent zu erhöhen?

WAS MUSS ICH TUN, UM MEINEN Z-FAKTOR ZU ERHÖHEN?

Erhöhung meines Z-Faktors im Bereich soziale Geborgenheit (sG):

Schritt 1 ....

Schritt 2 ....

Schritt 3 ....

Schritt 4 ....

Schritt 5 ....

Erhöhung meines Z-Faktors im Bereich wirtschaftliche Geborgenheit (wG):

Schritt 1 ....

Schritt 2 ....

Schritt 3 ....

Schritt 4 ....

Schritt 5 ....

Erhöhung meines Z-Faktors im Bereich sinnstiftende Tätigkeit (sT):

Schritt 1 ....

Schritt 2 ....

Schritt 3 ....

Schritt 4 ....

Schritt 5 ....

Erhöhung meines Z-Faktors im Bereich körperliches Wohlbefinden (kW):

Schritt 1 ....

Schritt 2 ....

Schritt 3 ....

Schritt 4 ....

Schritt 5 ....

Da das Leben, böse Mächte und wir selbst uns ständig irgendwelche Prügel vor die Beine werfen und uns Fallen stellen und wir derlei sehr gerne als Grund nehmen, etwas Begonnenes vorzeitig wieder zu beenden, denken Sie im nächsten Schritt präventiv darüber nach, was passieren könnte, damit Sie das, was Sie sich vorgenommen haben, nicht weiterverfolgen:

- **Wo sind die kritischen Punkte, welcher Schritt scheint besonders gefährlich?**
- **Was könnte konkret passieren, um mich aufzuhalten?**
- **Wie verhindere ich, dass das überhaupt erst eintritt?**
- **Wenn es passiert, wie gehe ich damit um, wie wehre ich mich dagegen?**

Wir haben vorhin über einen Zeitraum von drei Monaten gesprochen, in dem Sie Ihren Z-Faktor in allen Lebensbereichen optimieren wollen. Nur für den Fall, dass bei Ihnen in Erinnerung an »drei Monate keinen Alkohol«, »drei Monate täglich einen Morgenlauf«, »drei Monate Fernsehverbot« alle Zellen in Abwehrhaltung gehen: Es geht bei der Arbeit an Ihrem Z-Faktor weder um Enthaltsamkeit noch um Zwang oder Verbote. Es geht nicht darum, Ihnen Schlechtes ab- und Gutes anzugewöhnen. Es geht darum, dass Sie sich die Freiheit nehmen, das, was Ihnen zusteht, zu bekommen: einen optimalen Z-Faktor!

Belohnen Sie sich!

Dabei können Sie gleich noch etwas tun, um Ihren Z-Faktor weiter zu steigern: Werden Sie sich Ihrer Erfolge, Ihrer Weiterentwicklung bewusst, zelebrieren Sie sie, belohnen Sie sich dafür. Möglicherweise sind Sie ja Haustierbesitzer und es ist Ihnen nicht fremd, Ihren Hund zu loben und mit einem leckeren Schweinsohr zu belohnen, wenn er etwas gut gemacht hat. Sie wissen, dass es ihn anspornt, er sich freut und die Bindung zwischen Ihnen beiden dadurch intensiviert wird.

Legen Sie doch dieses einfache Prinzip auf sich selbst um. Belohnen Sie sich, indem Sie sich etwas Gutes tun. Der materielle Wert dieser Aktion ist völlig nebensächlich (obwohl ein neues Louis-Vuitton-Täschchen schon nett wäre), es geht darum, dass Sie sich bewusst etwas Gutes tun, ob das ein verbummelter Vormittag in Ihrem Lieblingscafé ist, eine ›gestohlene‹ Stunde, die nur Ihnen gehört, ein Friseurbesuch, eine ganz bewusst genossene Tasse besonderen Tees, der Besuch einer Ausstellung (für den Sie *eigentlich* gar keine Zeit hätten) oder sonst etwas, dem Sie ein Schild umhängen, auf dem groß ›Belohnung‹ steht.

Machen Sie sich frei von Druck!

Achtung, jetzt kommt die vielleicht wichtigste Botschaft dieses Buches:

- ***Sie dürfen mit dem zufrieden sein, was Sie sind!***
- ***Sie dürfen weniger sein wollen als andere!***
- ***Sie dürfen weniger haben wollen als andere!***
- ***Sie dürfen weniger verdienen wollen als andere!***
- ***Sie dürfen weniger Verantwortung haben wollen als andere!***
- ***Sie dürfen weniger wichtig scheinen wollen als andere!***
- ***Sie dürfen anders sein als andere!***

Machen Sie sich frei von Außeneinflüssen und Sie werden eine nie gekannte Zufriedenheit erleben. Wie das geht? Sie könnten Eremit werden, sich in ein Kloster zurückziehen, in die Wüste gehen, allen vermeintlichen Freunden ›Adieu‹ sagen, Ihren Flatscreen und das Radio aus dem Fenster kippen, alle Zeitungen und Magazine abbestellen, sich einmauern … Fällt Ihnen noch etwas ein? Oder Sie könnten sich positionieren (Das kleine Ich bin Ich!). Streichen Sie sich selbst aus der Teilnehmerliste dieses ungesunden Erziehungsprogramms und werden Sie endlich zufrieden mit sich. Hören Sie auf, sich ständig mit anderen zu vergleichen, wertschätzen Sie das, was Sie sind. Und wenn es Ihnen hilft, hinterfragen Sie immer wieder den

Preis, den andere vermeintlich Erfolgreichere, Wichtigere, Reichere dafür zahlen, diesen Schein aufrechtzuerhalten.

Um sich in Ergänzung dazu, was ich in vorigen Abschnitten im Zusammenhang mit Glaubenssätzen und Einflüsterern bereits beschrieben habe, darüber klar zu werden, von wessen Meinung Sie sich abhängig machen, wer und was Sie in Ihrer Lebensplanung steuert, können Sie Ihr persönliches Abhängigkeitsdiagramm erstellen:

MEIN PERSÖNLICHES ABHÄNGIGKEITSDIAGRAMM

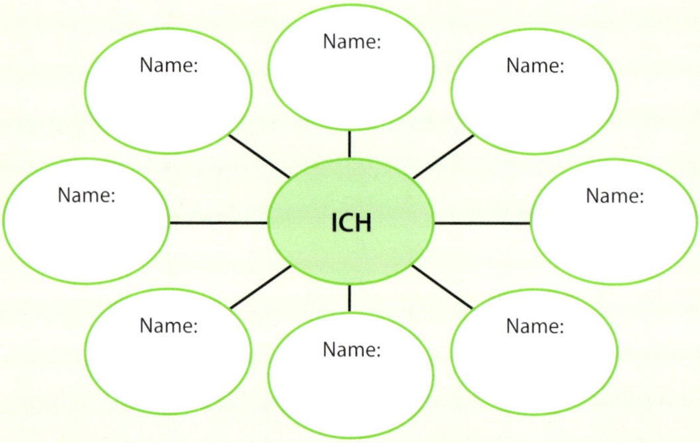

Schreiben Sie in die Ellipsen die Personen, von deren Meinungen Sie bisher abhängig waren. Stellen Sie sich zu jeder Person die Frage:

- Tut es mir gut, mich von ihm/ihr beeinflussen zu lassen?
- Welchen Nutzen habe ich konkret davon?
- Wo schadet mir dieser Einflüsterer?
- Wie kann ich diese Beeinflussung abstellen?
- Was bringt es mir, wenn ich sie abstelle?

Sie fragen sich jetzt, wie das geht mit dem Abstellen der Beeinflusser? Der erste, wichtigste Schritt: Sie entscheiden, sich nicht mehr beeinflussen zu lassen, sondern Entscheidungen nur mehr danach zu treffen, ob etwas

Ihren Z-Faktor erhöht oder nicht. Sie tun nichts mehr ›für andere‹, aber alles für sich selbst. Christa, eine begnadete Friseurin, schreckte richtig zurück, als ich ihr dies vorschlug: »Ich würde für meine Familie immer alles tun, ich bin doch kein Egoist!« Erst als ich ihr vorschlug, auch weiterhin alles für ihre Familie zu tun, aber erst, nachdem sie auch alles für sich getan hat, beruhigte sie sich wieder etwas.

Es geht bei dieser Überlegung nicht darum, aus Ihnen eine egozentrische Ausnahmeerscheinung zu machen (davon gibt's schon reichlich), aber Sie werden erkennen, dass Sie für andere nur dann gut sorgen können, wenn Sie zunächst für sich selbst gut sorgen, darauf achten, Ihren Z-Faktor immer schön hoch zu halten.

Unausgesprochenen Beeinflussungen entziehen Sie sich am besten dadurch, dass Sie sie nicht beachten. Ausgesprochene Beeinflussungen sollten Sie nicht einfach abschmettern. Erklären Sie, dass Sie auf der Suche nach mehr Zufriedenheit sind und deshalb Empfehlungen immer genau daraufhin überprüfen, ob Sie Ihnen und Ihrem Z-Faktor guttun oder nicht. Bedanken Sie sich für jede Empfehlung, wägen Sie ab, ob diese einen positiven Einfluss auf Ihren Z-Faktor hat, und entscheiden Sie, was Sie annehmen und was Sie ablehnen, unabhängig davon, ob dies auch im Sinne Ihres Einflüsterers ist.

Je konsequenter Sie in diesem Vorgehen sind, umso rascher wird Ihr Umfeld sich an Ihre neue Denke gewöhnt haben. Wichtig: Suchen Sie sich Gesprächspartner, die verstehen, worum es Ihnen geht, die ähnlich ticken. Ein kreativer Ansatz wäre, einen Z-Club zu gründen, in dem Sie mit anderen gemeinsam an Ihrem Z-Faktor arbeiten. Warum sind Weight Watchers weltweit so erfolgreich? Nicht wegen des Punktesystems, das sie über Schweinsbraten und Nougateis legen. Es ist die Gemeinsamkeit der Ausrichtung, der Neuausrichtung, die Gewissheit, dass, wenn sie oder er ›es‹ schafft, dieses auch fur Sie machbar ist. Erfolge werden gemeinsam gefeiert, und wenn es mal einen Rückschlag gibt, sind andere da, die weiterhelfen. Wenn Sie EDV-begabt sind, bauen Sie eine Plattform, wo Leute ihre Erlebnisse und Erfolge posten oder in einem Chatroom ihre Erfahrungen austauschen können. Sammeln Sie Gleichgesinnte um sich und das Ganze macht doppelt Spaß!

Durch Downshifting zu mehr Z

Ich will Ihnen Ihre Karriere nicht vermiesen. Aber wenn Sie sich zu einem beruflichen Aufstieg entschließen, muss diese Entscheidung mit allen Konsequenzen überlegt werden und darf Ihren Z-Faktor insgesamt nicht verringern! Was aber, wenn Sie darüber nachdenken, Ihren Z-Faktor dadurch zu erhöhen, dass Sie sich von zu großer Verantwortung, übermäßigem Leistungsdruck und Stress ein wenig zurückziehen wollen? Darüber nachdenken, im Berufsleben einen (vermeintlichen) Schritt nach unten zu tun?

Es mag Sie überraschen, aber der Vorgang ist in beiden Fällen ziemlich ähnlich. Beginnen Sie zum Beispiel mit folgenden Fragen:

Z

- **Ein Plus an Zeit bringt mit sich, dass**

  ....

- **Ein Minus an Einkommen bringt mit sich, dass**

  ....

- **Ein Plus an Seelenruhe bringt mit sich, dass**

  ....

- **Ein Minus an Stress bringt mit sich, dass**

  ....

- **Ein Minus an Status bringt mit sich, dass**

  ....

- **Ein Minus an beruflicher Wichtigkeit bringt mit sich, dass**

  ....

- **Ein Plus an Geduld und Nerven bringt mit sich, dass**

  ....

- **Ein Minus an beruflicher Verantwortung bringt mit sich, dass**

  ....

- **Ein Plus an Lebensqualität bringt mit sich, dass**

  ....

Nicole, Juristin und HR-Managerin in einem großen Handelskonzern, hatte sich in den Kopf gesetzt, in die Geschäftsführung zu wechseln. Ich war mir nicht sicher, ob sie dafür die notwendige Härte und Disziplin aufbringen würde, ob es sie tatsächlich glücklich machen würde. Zunächst gingen wir die Fragen für Plus-Veränderungen durch. Die Antworten überzeugten weder Nicole noch mich. Sie schien sich ein Idealbild ihrer Wunschposition gemalt zu haben, die Realität würde dann aber gewiss eine andere sein.

Der Grund, den sie mir nannte, weshalb sie über Veränderungen nachdachte: Sie war in ihrem derzeitigen Job einfach unzufrieden. Es stellte sich aber recht rasch heraus, dass sie ihren privaten niedrigen Z-Faktor auf ihren Job umgelegt hatte. Das Ganze roch nach Flucht, und so war's auch. Es klappte einfach nicht mit der Kinderplanung, weshalb Nicole ersatzweise an ihrer Karriere arbeiten wollte. Aus Verzweiflung und um sich ›irgendwie‹ abzulenken. Das war keine gute Triebfeder, wie sich bald herausstellte.

Als ich Nicole versuchsweise die Fragen »Ein Plus an .../Ein Minus an ...« beantworten ließ, zeigte sich, dass eine Minus-Veränderung für sie der viel bessere Weg sein würde, um wieder zu sich zu finden und ihren Z-Faktor zu erhöhen. Sie entschied sich für einen Wechsel des Arbeitgebers und übernahm in ihrer neuen Funktion auch keine Führungsrolle mehr. Das ist jetzt zwei Jahre her. Vor Kurzem erhielt ich eine Geburtsanzeige von ihr mit einer kurzen Notiz: »Z-Faktor unbeschreiblich!«

Eines der schönsten Beispiele zu den Themen ›Weniger ist mehr‹ und ›Ich bin Ich‹ hat mir Peter beschert. Ich lernte ihn als Automechaniker kennen. Diesen Beruf hatte sein Papi für ihn ausgesucht, zu einer Zeit, als noch nicht alle Mechaniker Mechatroniker werden mussten. Peter war ein eher ruhiger, manchmal missmutig wirkender Mann, den ich alle paar Wochen beim Einkaufen traf. Eines Morgens, ich war auf dem Weg zu meinem Wagen, kam mir ein fröhlich pfeifender Straßenkehrer entgegen. Er grinste mich an: »Na, Elfi, kennst mich nimma?« Es fiel mir tatsächlich schwer, in dem fröhlich lachenden Mann den mieselsüchtigen Mechaniker wiederzuerkennen. – »Was ist gescheh'n?«

»Ich hab mir gedacht: Pfeif drauf! Und hab endlich gekündigt. Du hast ja keine Ahnung, wie happy ich mit meinem neuen Job bin.«

Strahlt mich an, dreht sich um und kehrt weiter den Gehsteig vor meinem Haus.

Kapitel 4

Berufliche Veränderung konkret

Die ›gute Arbeit‹

Die ›Initiative Neue Qualität in der Arbeit (INQA)‹ befragte 2006 500 Selbstständige und 5.000 Arbeitnehmer nach ihren Arbeitsbedingungen. Nur knapp drei Prozent der Befragten, so die Auswertungen, hatten tatsächlich ›eine gute Arbeit‹. Hans-Peter Unger und Carola Kleinschmidt beschreiben in ihrem Buch ›Bevor der Job krank macht‹ die Kriterien, nach denen entsprechend der INQA-Studie Arbeit als ›gute‹ Arbeit anerkannt wird:

- *Die Arbeitnehmer müssen sich im Job durch Kollegen, Chefs und Qualifizierungsmöglichkeiten gut unterstützt fühlen und Einfluss auf ihre Arbeit nehmen und sich entwickeln können.*
- *Die Arbeitnehmer dürfen subjektiv nur wenige Fehlbelastungen wie Unsicherheit, mangelnde Einflussnahme oder Über- bzw. Unterforderung empfinden.*
- *Die Arbeitnehmer werden für ihre Arbeit fair bezahlt.*

Die moderne Arbeitswelt hinterlässt ihre Spuren und die Suche nach dem optimalen persönlichen Z-Faktor wird für viele zu einer Frage des psychischen Überlebens. Stellen Sie sich also ruhig einmal die Frage, ob Ihre Arbeit gut ist. Im Sinne von ›gut für mich‹ und nicht in Abstimmung mit den Erwartungen und Forderungen Ihrer Familie, Ihres Freundeskreises und Ihrer Vorgesetzten. Und wenn die Antwort nein ist, liegt es in Ihrer Verantwortung, die Situation zu ändern. Die Werkzeuge dafür lernen Sie nun kennen; den Schlüssel für Veränderung und damit einer Erhöhung Ihres Z-Faktors werden Sie in diesem Buch nicht finden, Sie werden ihn in keinem anderen Buch finden, in keinem Seminar, in keiner Therapie. Er liegt in Ihnen, Sie müssen ihn nur zur Hand nehmen! Damit kein Missverständnis entsteht:

- *Ihr Arbeitgeber hat seine Firma nicht gegründet, um Sie und Ihre Kollegen glücklich zu machen.*
- *Ein Unternehmen ist keine Bedürfnisbefriedigungsanstalt.*
- *Ein Unternehmen ist keine Selbsthilfegruppe.*

Bei (gewinnorientierten) Unternehmen steht immer der Unternehmenserfolg an erster Stelle, die Maximierung des Unternehmenswertes. Kluge Unternehmer und Führungskräfte wissen allerdings, dass sie diese Erfolge niemals allein einfahren können. Mitarbeiter sind für sie kein Kostenfaktor, sondern werden als Leistungsträger wertgeschätzt und gefördert.

Menschen in human geführten Unternehmen – bitte das nicht mit Kuschelzoos zu verwechseln – verfügen insgesamt über einen höheren Z-Faktor als viele andere. Der Einfluss von Vorgesetzten auf den Z-Faktor von Mitarbeitern ist dabei sehr groß, nur wenige scheinen sich dessen aber bewusst zu sein.

Eine aktuelle Studie, die Eucusa – Gesellschaft für Mitarbeiter- und Kundenorientierung – gemeinsam mit dem Wirtschaftsforum für Führungskräfte (WdF) zum Thema Berufszufriedenheit erstellt hat (www.jobzufriedenheit.info), stellt unter anderem fest, dass nur neun Prozent der Befragten ihren Vorgesetzten für eine ›ausgezeichnete Führungskraft‹ halten. 91 Prozent der Arbeitnehmer arbeiten also unter mehr oder weniger schlechten Chefs und werden schon allein deshalb tagtäglich eine mehr oder weniger starke Eintrübung ihres Z-Faktors erleben.

Ihre Möglichkeiten – eine kurze Bestandsaufnahme

Welche Möglichkeiten zur Veränderungen stehen Ihnen nun aber offen, zu welchem Preis, sprich, Veränderungsaufwand werden Sie diese Veränderungen durchführen können? Und wie hoch ist der Einfluss auf Ihren Z-Faktor?

Sehen Sie sich dazu die Tabelle auf der nächsten Seite an. – Wofür auch immer Sie sich entscheiden, um in Zukunft einen höheren Z-Faktor zu erreichen, achten Sie in jedem Fall auf einen geordneten Umstieg und lassen Sie sich dafür ausreichend Zeit.

MEINE VERÄNDERUNGESMÖGLICHKEITEN

Variante	Veränderung	Empfehlenswert, wenn	Aufwand/ Veränderungsgrad	Z-Potenzial
Sie bleiben bei Ihrem derzeitigen Arbeitgeber.	Horizontal ↔ (gleiche Verantwortung bzw. Funktion, aber anderer Bereich)	Ihr Aufgabenbereich interessant ist, Sie aber mit Kollegen oder Vorgesetzten nicht glücklich sind	gering	durchschnittlich
	Vertikal ↑ (mehr Verantwortung)	Sie sich bisher unterfordert fühlten, leistungs- und lernwillig sind	mittel	hoch
	Vertikal ↓ (weniger Verantwortung)	Sie sich bisher überfordert fühlten, Tendenzen zu Burnout zeigten	gering	hoch
Sie wechseln den Arbeitgeber.	Horizontal ↔ (gleiche Position)	Sie bei Ihrem bisherigen Arbeitgeber keine Veränderungsmöglichkeiten sehen	groß	durchschnittlich
	Vertikal ↑ (höhere Position)	Sie sich bisher unterfordert fühlten, leistungs- und lernwillig sind, aber in einem anderen Unternehmen bessere Chancen für sich sehen	groß	hoch
	Vertikal ↓ (niedrigere Position)	Sie sich bisher überfordert fühlen, Tendenzen zu Burnout zeigen, aber in einem anderen Unternehmen bessere Chancen für sich sehen	groß	hoch
Sie machen sich selbstständig.	Im Idealfall ↑ Wenn es schiefgeht, ganz weit Richtung ↓	Voraussetzungen siehe weiter unten	enorm	sehr hoch

Die Basis schaffen

Bevor es an die Umsetzung von Lebensträumen geht, ist es immer erforderlich, den aktuellen Lebensstandard zu hinterfragen und gegebenenfalls entsprechend zu reduzieren. Zurückstecken: Können Sie das, wollen Sie das? Machen Sie einen detaillierten Kostenstatus, besser noch eine richtige Finanzplanung.

Wie sehen Ihre Fixkosten im Detail aus? Welche Variablen gibt es? Welche Reserven, welche Ersparnisse haben Sie? Machen Sie eine detaillierte Bestandsaufnahme aller Ausgaben, Verbindlichkeiten und Rücklagen. Hilfsmittel dazu in Form von Haushaltsplänen finden Sie im Internet unter dem Stichwort ›Haushaltsplan‹, häufig auch auf den Websites von Banken oder Verbraucherinformationsseiten in Zusammenhang mit Kreditrechnern.

Wenn zur Optimierung Ihres Z-Faktors für Sie eine ↓-Veränderung ansteht, so wie zum Beispiel bei Henriette, die aus einer Position als Marketingmanagerin eines großen IT-Unternehmens aussteigen und sich in Zukunft als ›normale‹ Marketing-Mitarbeiterin bei einem kleinen IT-Händler einsetzen wollte, bedeutet dies einen mehr oder weniger dramatischen Rückschritt in Bezug auf das Einkommen. Erst wenn ganz klar ist, dass Sie sich durch die Verwirklichung Ihres Traumes in kein finanzielles Desaster stürzen, dürfen Sie an die Umsetzung gehen. Henriette tauschte ihre große Stadtwohnung gegen ein günstiges Häuschen am Stadtrand und stieg auf ein deutlich kleineres Auto um. Währenddessen suchte sie sich den neuen Job und kündigte bei ihrem Arbeitgeber (immer in dieser Reihenfolge vorgehen!).

Erst wenn Sie einen Überblick haben, wie sich ein geringeres Einkommen mit Ihren Fixkosten verträgt, gehen Sie an die Realisierung. Ich habe leider auch schon Menschen kennengelernt, die an der Umsetzung ihrer Vision zerbrochen sind, weil sie diesen Aspekt nicht beachtet haben. Besonders heikel ist es bei Unternehmensgründern, die neben dem Wegfall des bisherigen Einkommens oft noch Investitionsbedarf für das junge Unternehmen haben. Gehen Sie diesen Weg niemals ohne eine exakte Finanzplanung und am besten gleich an der Hand Ihres Steuerberaters.

Ihre Z-Strategie zur beruflichen Veränderung

Folgende Schritte sind erforderlich, um aus Ihrem Plan, Ihren persönlichen Z-Faktor zu erhöhen, eine erfolgreiche Strategie werden zu lassen:

1. Entschluss für Veränderung fassen
2. mit Ihrem Partner/Ihrer Familie besprechen
3. sich und Ihre Fähigkeiten und Bedürfnisse analysieren
4. mögliche Tätigkeiten/Bereiche/Unternehmen identifizieren
5. Präsentationsunterlagen vorbereiten
6. Selbstpräsentation trainieren
7. Kontaktgespräche führen
8. CPC

Sehen wir uns die einzelnen Punkte nun etwas genauer an.

Entschluss für Veränderung fassen

Damit haben Sie sich nun ausreichend beschäftigt. Hinterfragen Sie, bevor Sie losstarten, aber trotzdem noch einmal Ihre Beweggründe:

- **Was müsste geschehen, dass ich im derzeitigen Job einen höheren Z-Faktor erreiche?**
- **Was müsste ich tun, um in meinem derzeitigen Job einen höheren Z-Faktor zu erreichen?**
- **Warum kann/will ich das nicht tun/umsetzen?**
- **Was erwarte ich durch die berufliche Veränderung?**
- **Was wird sich dadurch in meinem Leben verändern?**
- **Wie werde ich damit umgehen?**
- **Wie wird mein Umfeld darauf reagieren?**
- **Kann ich mit diesen Reaktionen umgehen?**

Ein gutes Werkzeug, um sich selbst an dieses Vorhaben stärker zu binden, ist ein schriftliches Commitment, also eine Verpflichtungserklärung, die Sie mit sich selbst abschließen. Diese könnte so aussehen:

Z

COMMITMENT – VERTRAG MIT MIR SELBST

Ich werde in der Zeit von ....

bis ....

intensiv an der Erhöhung meines Z-Faktors arbeiten.

Ich verpflichte mich, dafür täglich Folgendes zu tun:

1. ....

2. ....

3. ....

Datum, Unterschrift ....

Die Festlegung auf einen überschaubaren Zeitraum – empfehlenswert sind hier fürs Erste etwa vier Wochen – wird Ihnen helfen durchzuhalten und über die Anfangsschwierigkeiten hinwegzukommen. Veränderung ist nämlich immer mit Verunsicherung verbunden, die, wenn das Veränderungsprojekt nicht gut verankert ist, oft zum Abbruch führt – und zur Rückkehr in die bequeme Ecke der Leider und Suderanten, wo Sie von den anderen nach dem Motto »Geteilte Niederlagen sind halbe Niederlagen« herzlich willkommen geheißen werden.

Nach Ablauf des von Ihnen definierten Zeitraums setzen Sie ein neues Commitment über einen weiteren Zeitraum auf. Am besten, Sie drucken das Blatt auf farbigem Kopierpapier aus und hängen es an Ihren Badezimmerspiegel. Der erste morgendliche Blick in Ihre eigenen Augen sollte Sie stets daran erinnern, was zu tun ist, um Ihrem Ziel – Erhöhung des Z-Faktors – täglich etwas näher zu kommen.

Wichtig: Sie geben sich mit diesem Commitment den Auftrag: »Ich tu es!« Gehen Sie diese Aufgabe mit Lust und Freude an, dann ändern Sie nicht nur das Außenrum, sondern vor allem das Innendrin.

Mit Ihrem Partner/Ihrer Familie besprechen

Wenn Sie aktuell in der Phase sind, den nächsten Karriereschritt machen zu wollen, besprechen Sie Ihre Antworten mit Ihrer Partnerin/Ihrem Partner.

Karrierepläne müssen Sie immer mit Ihrem Partner besprechen. Es gibt nicht nur Ihren individuellen Z-Faktor und den Ihres Partners. Es gibt auch den Beziehungs-Z-Faktor, den Sie schwerstens gefährden, wenn Sie Ihren Partner nicht in Ihre Pläne einbinden. Wir besprechen unsere Urlaubspläne, den Kauf eines neuen Autos, die neue Kücheneinrichtung mit unseren Partnern. Wenn es um wirklich Einschneidendes geht, wird das gerne übersehen oder man wiegt sich einfach in der Sicherheit, dass auch der Partner/die Partnerin unbedingt einen zeitarmen Karrieristen an der Seite haben will. Vielleicht hat sie/er aber ganz andere Vorstellungen von Ihrer gemeinsamen Zukunft? Gehen Sie in diesem Gespräch aber noch weiter in die Tiefe:

Z

- **Wie viele Stunden werde ich in Zukunft mehr arbeiten?**
- **Werde ich Dienstreisen machen/Ausbildungen absolvieren, die auch das Wochenende auffressen?**
- **Welchen Teil unserer gemeinsamen Freizeit werden wir opfern müssen?**
- **Wie viel Zeit bleibt für Kinder?**
- **Kann ich meinen Hobbys noch nachgehen?**
- **Wie sieht es aus mit gemeinsamen Theater-, Opernbesuchen?**
- **Wer übernimmt meinen Teil der häuslichen Verantwortung?**

Für Ihre eigene Vorbereitung auf dieses Gespräch zeichnen Sie auf ein möglichst großes Blatt oder einen Karton einen Kreis und teilen Sie diesen in Tortenstücke, deren Größe dem jeweiligen Zeitkontingent entspricht, das Sie bisher bzw. aktuell für bestimmte private Tätigkeiten aufwenden (Sie können natürlich auch auf Ihrem PC ein Tortendiagramm erstellen). Dann machen Sie das Ganze ein zweites Mal und teilen die Zeiten so zu, wie Sie denken, dass Sie sich in Zukunft ausgehen werden.

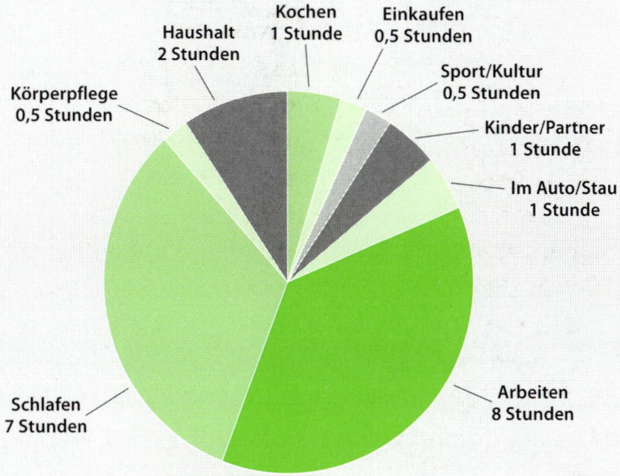

Je ehrgeiziger Ihre Karrierepläne sind, umso realistischer, das heißt kleiner, sollten die Formate der einzelnen Tortenstücke außerhalb der Arbeitszeit ehrlicherweise ausfallen. Und dann stellen Sie sich die Fragen:

- *Will ich das?*
- *Will ich das wirklich?*
- *Will ich das um jeden Preis?*
- *Warum will ich das?*
- *Welchen Einfluss hat das auf meinen Z-Faktor?*

Doch auch im umgekehrten Falle – Sie wollen zurückschrauben, weniger arbeiten, Ihre Prioritäten anders setzen, mehr Zeit mit Ihrer Familie verbringen etc., sollten Sie sich auf dieselbe Weise mit Ihrem Partner, Ihrer Partnerin, Ihrer Familie abstimmen, das Vorgehen ist dabei dasselbe unter umgekehrten Vorzeichen.

Ein Mehr an Zeit für die Familie muss sich dabei nicht immer positiv auswirken. Denken Sie an das Ansteigen der Scheidungsraten nach Urlaubszeit und zu Weihnachten. Denken Sie an Menschen, die aufgrund eines Pensionsschocks in Depressionen verfallen …

Und überlegen Sie, wenn Sie sich dafür entschieden haben, dass in Zukunft ›weniger‹ ›mehr‹ sein wird, ob und wie Sie mit einem geringeren Einkommen Ihr Auskommen finden werden. Machen Sie in jedem Fall eine gemeinsame Finanzplanung, erheben Sie Ihre fixen und variablen Kosten. Sie werden an Ihrem erhöhten Z-Faktor keine Freude haben, wenn Sie diesen ›auf Pump‹, also nur unter Aufbau von Schulden realisieren können. Dabei ist die Frage: »Was brauche ich zum Leben – was will ich zum Leben?« entscheidend. Brauchen tun Sie Sauerstoff, Nahrung, soziale Kontakte, wärmende Kleidung im Winter, ein Dach über dem Kopf, medizinische Grundversorgung. Gewollt haben Sie bisher vielleicht viel Zusätzliches, das Sie sich möglicherweise bei einer beruflichen ↓-Bewegung nicht mehr werden leisten können.

Bitte nehmen Sie den Punkt der Finanzplanung ganz besonders ernst und ziehen Sie Ihr Projekt keinesfalls durch, wenn Ihr Partner oder Ihre Partnerin nicht dahintersteht. Im Idealfall kann dieser Veränderungsprozess Sie beide eng aneinanderschweißen, Ihnen neue Perspektiven geben, auch Ihre Beziehungszufriedenheit enorm verbessern. Sie könnten zum Beispiel auch, jeder für sich, eine Aktionsverpflichtung aufsetzen und sich gegenseitig liebevoll daran erinnern, sich wechselweise anspornen, gemeinsam dranbleiben nach dem Motto: »Geteilte Erfolge machen doppelt Freude«.

Sich und Ihre Fähigkeiten und Bedürfnisse analysieren

»Omnia mea mecum porto«, ein Satz, der dem griechischen Denker Bias von Priene zugeschrieben wird: »All meinen Besitz trage ich bei mir.« Damit sind Ihre Talente, Ihr Wissen, Ihr Wollen, Ihre Fähigkeiten und Neigungen gemeint. Das macht Ihr wirkliches Vermögen aus, aus dem Sie einerseits Kapital schlagen können und das richtig eingesetzt auch zu außergewöhnlicher Berufszufriedenheit führen kann.

Viele Menschen wissen recht gut darüber Bescheid, was in ihnen steckt, was sie besonders gut können. Andere wiederum sind unsicher. Besonders der Bereich der persönlichen Stärken liegt meist im Dunklen. Eine simple, aber außerordentlich wirksame Möglichkeit, sich selbst auf die Schliche zu kommen, ist, das, was man von sich selbst wahrnimmt, mit dem zu vergleichen, was andere wahrnehmen.

Besonders dann, wenn Sie schon länger im gleichen Job stecken, sich schon Jahre nicht mehr mit Ihren Fähigkeiten und Qualitäten präsentieren mussten, klaffen Selbst- und Fremdwahrnehmung oft weit auseinander. Die Basis jeglicher beruflichen Veränderung ist, dass Sie sich Ihres eigenen Könnens und Ihrer eigenen Wirkung bewusst sind und diese gut ›verkaufen‹ können.

Als ersten Schritt kopieren Sie das Formular auf Seite 100 einige Male. Darauf habe ich die wichtigsten Persönlichkeitsmerkmale zusammengefasst. Wenn Sie andere Begriffe abfragen wollen, ändern, ergänzen oder kürzen Sie den Fragebogen.

Diese Liste soll Ihnen als Menü dienen. Wählen Sie die für Sie bzw. Ihr Jobziel wesentlichen Qualitäten aus. Adaptieren Sie die Liste nach Ihren eigenen Bedürfnissen.

Bewerten Sie sich zunächst selbst, anschließend bitten Sie einige Freunde, Kollegen oder Bekannte darum, den Fragebogen auszufüllen. Achten Sie darauf, durchaus auch kritische Menschen dazu einzuladen, die Ihnen kein Gefälligkeitsgutachten erstellen.

Errechnen Sie aus den Fremddiagnosen den Durchschnitt pro Eigenschaft – dazu brauchen Sie nur die angekreuzten Werte der jeweiligen Zeile zu addieren und durch die Anzahl der Fragebögen zu dividieren. Diesen Durchschnittswert können Sie nun mit dem Wert, den Sie sich selbst gegeben haben, vergleichen.

›1‹ steht für ›Sehr gut‹, trifft also hundertprozentig aus Sie zu, ›5‹ steht für ›Nicht genügend‹, trifft also überhaupt nicht auf Sie zu.

STÄRKENDIAGNOSE						
Eigenschaft	**1**	**2**	**3**	**4**	**5**	**Durchschnitt**
anpassungsfähig						
ausgeglichen						
begeisterungsfähig						
belastbar						
engagiert						
fachlich kompetent						
flexibel						
freundlich						
hilfsbereit						
höflich						
kommunikativ						
kompromissbereit						
konfliktfähig						
kreativ						
kritikfähig						
lernbereit						
rhetorisch begabt						
technisch begabt						
musisch begabt						
redegewandt						
handwerklich begabt						
risikofreudig						
selbstständig						
selbstbewusst						
selbstkritisch						
teamfähig						
unternehmerisch denkend						

Dort, wo die Werte weitestgehend identisch sind, haben Sie eine Bestätigung für die Übereinstimmung zwischen Selbst- und Fremddiagnose. Bei Abweichungen sollten Sie genauer hinschauen. Am besten besprechen Sie diese Abweichungen mit denen, die die Fremddiagnose für Sie ausgefüllt haben:

Z

- **»Woran erkennst du, dass ich besonders/besonders nicht . . . bin?«**
- **»In welchen Situationen ist mein . . . (positive/negative Eigenschaft) besonders auffällig?«**
- **»Was löst mein Verhalten bei dir aus?«**
- **»An welcher meiner Qualitäten sollte ich arbeiten?«**
- **»Was würde sich dadurch an meinem Auftreten ändern?«**

Diskutieren Sie jede gröbere Abweichung und überlegen Sie, wie sich die Ergebnisse auf Ihre Berufwahl auswirken werden.

Abgesehen davon, dass Sie durch diese Übung ganz nebenbei die wichtigsten Ihrer Fähigkeiten erarbeitet haben, vergessen Sie eines nicht: Selbstvertrauen wird dort ausgestrahlt, wo es keine großen Unterschiede zwischen Selbstbild, Fremdbild und Idealbild gibt: So sehe ich mich. – So sehen andere mich. – Und so würde ich gerne gesehen werden.

Ein Tag für mich

Werden beginnt immer mit Sein. Wie/was Sie gegenwärtig sind, sollten Sie mit der vorhergehenden Übung beantwortet haben. Wie/was Sie in Zukunft werden wollen, können Sie nur für sich beantworten. Diese Frage ist komplexer, als sie zunächst scheint, und sie ist garantiert nicht so nebenher zu beantworten.

Die gute Nachricht: Zufriedenheit ist für jeden Menschen möglich. Die schlechte Nachricht: Sie können Zufriedenheit nicht delegieren, ebenso wenig wie die Antwort auf die Frage: »Wie/was will ich werden?«

Ich schlage meinen Klienten daher immer einen ›Tag für mich‹ vor: Ein Tag, an dem es keine Tageszeitung gibt, kein Radio, kein Fernsehprogramm. Möglichst gar keine Ablenkung. Informieren Sie Ihren Partner/Ihre Partnerin, dass Sie sich einen Tag lang ausklinken, und planen Sie diesen

Tag für sich. Packen Sie Papier und Stift ein und beginnen Sie diesen Tag mit einem ungestörten Frühstück in Ihrem Lieblingscafé, irgendwo, wo Sie sich wohlfühlen.

Ihre erste Aufgabe: Teilen Sie eine Seite mit einem vertikalen Strich in zwei Hälften. Darüber schreiben Sie links »Ich bin (negativ)« und rechts »Ich bin (positiv)«. Filtern Sie nichts, kritisieren Sie nichts, gönnen Sie sich eine ausgedehnte Phase des Grünlicht-Denkens. Jeder Gedanke ist willkommen, nichts ist lächerlich, unrealistisch, dumm, unwichtig etc.

Z

ICH-BIN-LISTE	
Ich bin *(negativ)*	**Ich bin** *(positiv)*

Diese ›Ich-bin‹-Listen beginnen zumeist mit: »Ich bin ein Mann/eine Frau«, »Ich bin ledig/verheiratet«, »Ich bin Buchhalter«. Schon allein die Seite, die Sie für die Aussage ›Mann/Frau‹ und ›Buchhalter‹ wählen, sagt viel aus.

Es wird Ihnen auffallen, dass das Negative, Belastende, Ihre Schwächen, Ihr Unvermögen nur so aus Ihnen raussprudeln werden. Schwerer wird es Ihnen möglicherweise fallen, das Gute an Ihnen, Ihre Stärken, Ihre positiven Seiten niederzuschreiben.

Doch: Sie arbeiten so lange an der Liste, bis in der Spalte ›Ich bin (positiv)‹ zumindest drei Zeilen mehr stehen als in der ›Ich bin (negativ)‹-Spalte! Arbeiten Sie an Ihrer Liste, greifen Sie ja nicht nach der Tageszeitung, die der Ober Ihnen eben anbietet! Konzentrieren Sie sich während Ihres ganzen Frühstücks ausschließlich auf diese Übung.

Nach dem Frühstück könnten Sie eine Runde spazieren gehen. Je grüner es um Sie herum ist, umso besser. Meiden Sie Einkaufsstraßen und Schaufenster! In der Natur finden wir viel rascher zu uns als im Trubel der Stadt.

Packen Sie nun Ihren Notizblock wieder aus. Die nächste Aufgabe widmet sich dem ›Warum‹, wir betreiben etwas Ursachenforschung:

Z

URSACHENFORSCHUNG

Ich bin .... *(die Antworten der letzten Übungen),*

weil ich ....

Achtung: Hier steht »weil **ich**« und nicht »weil **andere**«. Beginnen Sie also nicht, Verantwortung abzugeben und Schuld zu verteilen. Was auch immer Sie als »Ich bin« niedergeschrieben haben, beziehen Sie es auf sich selbst.

Ja, natürlich, es beeinflussen uns viele Menschen, im Guten wie im Schlechten. Als Kinder können wir uns diesen Beeinflussungen nicht entziehen, als Erwachsene können wir aber entscheiden, welche der Beeinflussungen wir weiterhin auf uns wirken lassen wollen (abgesehen natürlich von traumatisierenden Erlebnissen und Ereignissen, die Sie mit therapeutischer Hilfe aufarbeiten sollten).

Aber viele Entscheidungen, die uns heute plagen und unseren Z-Faktor niedrig halten, haben wir selbst getroffen! Besonders die beruflichen: Ich habe es in meiner langjährigen Arbeit noch kein einziges Mal erlebt, dass ein Mensch erpresst worden wäre, einen bestimmten Job anzunehmen. Es wurden keine Morde angedroht, keine Strafzahlungen (außer vielleicht in Kalabrien), wenn jemand eine bestimmte berufliche Verantwortung nicht übernehmen wollte. Wenn wir also endlich aufhören zu jammern und einsehen, dass wir die meisten unserer Entscheidungen selbst getroffen haben, also schon einmal etwas ausgewählt haben, ist dann nicht auch klar, dass wir jederzeit selbstbestimmt eine andere Wahl treffen können (immer unter Berücksichtigung der Sachzwänge)? Sie können Ihr Leben in jeder Sekunde umkrempeln, Sie müssen nur bereit sein, dafür die Verantwortung zu übernehmen.

Zwei Beispiele:

Ich bin ständig überlastet, weil ich nicht nein sagen kann. Einfacher, aber falsch wäre die Antwort: Weil die anderen ständig etwas von mir wollen.

Ich bin mit Kreditrückzahlungen belastet, weil ich mich entschieden habe, ein großes Haus zu bauen. Und nicht: Weil meine Frau unbedingt diesen Riesenschuppen haben wollte. Auch wenn es so sein sollte: Da Sie nicht unter Einsatz einer geladenen Pistole zur Vertragsunterzeichnung gezwungen wurden, haben Sie für die Konsequenzen (Kredit abstottern) auch Ihren Teil der Verantwortung zu übernehmen.

Diese Übung schärft Ihre Sinne dafür, zu erkennen, dass es nahezu nichts in Ihrem Leben gibt, das Sie nicht selbst verändern könnten. Wenn Sie dafür die Verantwortung übernehmen, haben Sie die Wahl, sich für oder gegen etwas zu entscheiden: Reinhard Sprenger wird Ihnen nicht fremd sein. In seinem Bestseller ›Das Prinzip Selbstverantwortung‹ schreibt er: »Was das Wählen so schwer macht, ist der Verzicht auf die abgewählte Möglichkeit« und weiter: »Echte Verantwortung erwächst also aus einer bewussten Wahlentscheidung. Wie der Weise sagt: Wähle, was du tust, dann tust du immer, was du gewählt hast.«

Sie kennen das Zitat der Möwe Jonathan? »Glaube an Grenzen, und sie gehören dir«. Wenn Sie sich stets vor Augen halten, dass Sie den Rest Ihres Lebens in der Zukunft verbringen, werden Sie erkennen, wie sinnvoll es ist, Mut für Veränderungen aufzubringen. Denken Sie immer daran: Es geht um Ihren ganz persönlichen Z-Faktor!

Z

Wollen Sie und Sie werden können,
oder wie Seneca sagt:
»Nicht wollen ist der Grund, nicht können nur der Vorwand.«

Mögliche Tätigkeiten/Unternehmen identifizieren

Bei welcher Tätigkeit leuchten Ihre Augen? Wobei blühen Sie so richtig auf? Welche Aufgabe macht allein schon durch das Denken daran Freude?

Robert, ein etwas übergewichtiger, frustrierter Mittvierziger, den ich coachte, hatte, weil es damals schick war, eine Ausbildung zum Webdesigner gemacht. Über die Jahre wurde er immer lustloser in seinem Job, später kamen auch gesundheitliche Probleme dazu, die Beziehung geriet in eine böse Krise. Wir kamen recht bald darauf, dass er von allen als der Kreative gesehen wurde, innerlich war er aber eher der analytisch-mathematische Typ. Aufgefallen ist es mir auch deshalb, weil er ständig Sudokus mit sich herumschleppte und begeistert davon erzählte, dass er auch selbst welche entwickelte. Seine Augen ›leuchteten‹.

Für Robert hat sich eine Horizontal-Veränderung als optimal erwiesen. Kreative gab es in seiner Firma ohnedies reichlich, er wechselte im selben Unternehmen von der Entwicklungsabteilung ins Controlling und hat dadurch seinen Z-Faktor in sehr kurzer Zeit erheblich verbessert.

»What makes me tick?«

Eine Frage, die Sie sich jetzt sehr intensiv stellen sollten, weil Sie Ihnen dabei helfen wird, einen Tätigkeitsbereich für sich zu finden, der Freude, Zufriedenheit und Erfolg gewährleistet.

Vielleicht geht es Ihnen dann wie Barbara, die, der Familientradition folgend, das Studium der Rechtswissenschaft aufgenommen hatte. Sie ist eine extrem sozial denkende junge Frau, die den Umgang mit Menschen liebt und braucht. Da sie im zweiten Semester noch nicht so weit im Studium steckte, entschied sie sich für einen Kurswechsel und lässt sich nun zur Kindergartenpädagogin ausbilden. Eine Tätigkeit, die zu ihr passt und die ihr vermutlich einen lebenslangen, sehr hohen Z-Faktor garantiert. Letztens hat sie mir erzählt, dass sich auch der Familienrat wieder beruhigt und eingesehen hat, dass ihre berufliche Zufriedenheit wichtiger ist als der Erhalt der Familientradition als Juristin.

Der folgende Fragenkatalog wird Ihnen dabei helfen, die für Sie besser geeigneten Tätigkeitsbereiche zu definieren:

»WHAT MAKES ME TICK?«

Womit würde ich mich täglich beschäftigen, wäre ich nicht verpflichtet, Geld durch meine Arbeit zu verdienen?

Was ist das Schöne an dieser Tätigkeit?

Weshalb kann ich das so gut?

Was müsste ich tun, um meine Fähigkeiten in diesem Bereich weiter zu optimieren?

Welchem Berufsbild entspricht diese Tätigkeit?

Braucht es, um diesen Beruf ausüben zu können, anerkannte Abschlüsse?

Wenn ja, wie kann ich mir diese erwerben? (wer bildet aus, wie sind die Zugangsbestimmungen, kann ich die Ausbildung berufsbegleitend machen, Höhe der Ausbildungskosten, Dauer etc.)

Bietet mein derzeitiger Arbeitgeber entsprechende Jobs?

In welchen anderen Unternehmen könnte ich in diesem neuen Berufsfeld arbeiten?

In einem kleinen Betrieb werden Sie rasch festgestellt haben, ob Sie dort mit Ihrer neuen beruflichen Ausrichtung einen Job finden. Trotzdem: Bevor Sie die Entscheidung treffen, sich von Ihrem Arbeitgeber zu trennen, versuchen Sie vorher mehr über die mittelfristige Strategie dieses Unternehmens herauszufinden.

Bernadette lebte schon über ein Jahr Liebe auf Distanz, denn ihr Partner war beruflich nach Slowenien gegangen. Entsprechend groß war ihre Lebensunzufriedenheit geworden. Sie kam zu mir, weil sie Unterstützung bei der Erstellung ihrer Bewerbungsunterlagen brauchte. Im Gespräch stellte sich rasch heraus, dass sie das Naheliegendste, die Perspektiven bei ihrem aktuellen Arbeitgeber zu prüfen, nicht getan hatte, nach dem Motto: »Wir sind nur ein österreichischer Mittelständler, da gibt es keine Möglichkeiten.« Nach einigen informellen Gesprächen war klar, das Unternehmen plante, Teile der Produktion nach Slowenien zu verlagern. Bernadette wusste nichts von diesen strategischen Überlegungen, andererseits wussten die Personalverantwortlichen auch nichts davon, dass ihre Angestellte plante, sich einen Job in Slowenien zu suchen. In diesem Fall kam es zu einer grenzüberschreitenden internen Horizontal-Veränderung, die Bernadettes Beziehung rettete und ihr einen hohen Z-Faktor bescherte.

Wenn Sie derzeit in einem Konzern tätig sind, checken Sie auch Tochtergesellschaften, Partnerfirmen, Kunden, Lieferantenbetriebe, und natürlich, wie im Fall Bernadettes, ob in Ihrer Organisation mittelfristig neue Geschäftsfelder, Umstrukturierungen, Auslagerungen, Zukäufe etc. geplant sind. Erst wenn Sie alle Möglichkeiten der internen Veränderung geprüft haben und sich hier keine Perspektiven aufgetan haben bzw. wenn Sie sicher sind, dass Ihr aktueller Arbeitgeber nicht mehr die richtige Adresse für Sie ist, dann weiten Sie Ihre Sondierungsaktivitäten auf ›Fremdbetriebe‹ aus.

Wichtig: Es darf sich niemals um Flucht handeln! Sie würden Ihre sprichwörtlichen Fesseln und Ketten nur zu einem anderen Unternehmen mitschleppen. Veränderung muss auf Basis von Sog entstehen, nicht durch Druck. Es geht also immer um ein ›Hin zu‹ und niemals um ein ›Weg von‹.

Die Welt ist voll mit möglichen Arbeitgebern. Ein Blick in die Karriereseiten der Tageszeitungen lohnt sich allemal. Ebenso Internet-Recherchen auf den Jobplattformen. Das sind sogenannte reaktive Bewerbungen. Mehr Sinn machen allerdings proaktive Bewerbungen, also das Ansprechen von möglichen Arbeitgebern unabhängig davon, ob diese aktuelle Jobs ausgeschrieben haben oder nicht. Von Eigeninseraten in Printmedien rate ich Ihnen ab, die Effektivität ist gering, die Kosten sind hoch. Es sei denn, Sie wollen in Zukunft persönliche Dienste anbieten: Dann stellen Sie Ihre Inserate am besten in Bezirkszeitungen oder andere lokale Blätter. Kostenfreie Einschaltungen auf Internet-Plattformen sollten Sie machen, achten Sie dabei aber darauf, dass sie aussagekräftig sind und nicht in der Masse der 08/15-Schaltungen untergehen.

Die Auswahl Ihres neuen Arbeitgebers kann auf Basis unterschiedlicher Entscheidungskriterien gefällt werden:

KRITERIEN ZUR AUSWAHL EINES NEUEN ARBEITGEBERS

- **angebotene Produkte/Dienstleistungen**
- **geografische Lage**
- **Unternehmensgröße**
- **nationale/internationale Tätigkeit**
- **traditionelle/innovative Betriebe**
- **Kollektivvertrag/Tarifvertrag**
- **Sozialleistungen**
- **Weiterbildungsangebote**
- **Aufgabenbereich und vieles mehr**

Ergänzen Sie diese Liste um Punkte, die Ihnen bei der Auswahl Ihres zukünftigen Arbeitgebers wichtig sind. Dann priorisieren Sie die einzelnen Punkte. Unterscheiden Sie zwischen ›Must-have‹ und ›Nice-to-have‹.

Wenn Sie im Zuge Ihrer Überlegungen zum Beispiel entschieden haben, in Zukunft auf einen Teil Ihres Einkommens und damit verbunden auf Ihren Wagen zu verzichten, wird die Nähe des Arbeitsplatzes zu Ihrem Wohnort bzw. die gute öffentliche Erreichbarkeit für Sie vermutlich sehr wichtig sein – ein Must. Ein weiteres Must könnte auch sein, dass Sie ein bestimmtes Mindesteinkommen erhalten. Ist ein ›Must-have‹ nicht erfüllt, streichen Sie dieses Unternehmen sofort aus der Auswahlliste.

Klassische ›Nice-to-have‹ sind Weiterbildungsangebote und Sozialleistungen. Bei den ›Nice-to-have‹-Faktoren können Sie noch eine Bewertung durchführen. Auf einer Skala von 1 bis 10: Wie wichtig ist Ihnen dieser Punkt? Das kann so aussehen:

Kriterium	Must-have	Nice-to-have
Geografische Lage	x	
Aufstiegsmöglichkeiten		x
Einkommen	x	
Produkte/Dienstleistungen		x
Internationalität		x

Im nächsten Schritt definieren Sie Ihre beiden ›Must-have‹ ganz genau:

- **Anfahrtszeit zur Firma maximal 45 Minuten,**
- **Einkommen brutto/Monat minimal 2.800 Euro.**
- **Und so weiter.**

Nun errechnen Sie, welches der von Ihnen ausgewählten Unternehmen Ihren Erwartungen am besten entspricht. Vergeben Sie jeweils X von 10 möglichen Bewertungspunkten. Hier eine Beispieldarstellung:

Firma	Anfahrtszeit ≤ 45 Min.	Einkommen ≥ € 2.800,–	Aufstiegsmöglichkeit	Produkte/Dienstleistungen	Internationalität
A	erfüllt	nicht erfüllt	10	3	10
B	erfüllt	erfüllt	8	0	0
C	erfüllt	erfüllt	2	7	10
D	nicht erfüllt	nicht erfüllt	5	10	10

Dann werden Sie zu einem ähnlich gestalteten Ergebnis kommen wie: Firma A fällt aus, weil ›Must-have‹ Einkommen nicht erfüllt ist; Firma D fällt aus, weil beides nicht erfüllt ist. Firma B kommt in die Wertung. Die ›Nice-to-have‹ ergeben in Summe 8 Punkte. Firma C kommt in die Wertung, die ›Nice-to-have‹ ergeben in Summe 19 Punkte. Sie werden Ihren Schwerpunkt also auf dieses Unternehmen legen.

Die Gefahr bei Entscheidungen dieser oder ähnlicher Art besteht darin, dass Sie vorher die absolut zu erfüllenden Kriterien, also die ›Must-have‹ nicht klar definieren, sich dann über die ›Nice-to-have‹-Kriterien blenden lassen und eine Fehlentscheidung treffen. Fehlentscheidungen kosten Zeit, Geld und Nerven, und damit wollen wir sparsam umgehen.

Wo Sie Ideen bezüglich ihres zukünftigen Arbeitgebers bei proaktiven Bewerbungen bekommen: aus Radio- und Fernsehberichten, Wirtschaftsnachrichten in den Tageszeitungen, Wirtschaftsmagazinen, Bauträgertafeln (Ankündigungen, welche Unternehmen an einem bestimmten Ort eine Niederlassung eröffnen), auf Fachmessen (eignen sich für direkte Erstkontakte besonders gut, weil sie nicht den Touch des klassischen Bewerbungsgesprächs haben), durch Werbeeinschaltungen und durch persönliche Kontakte.

Weit mehr als die Hälfte aller Jobs werden auch heute noch neu besetzt, ohne dass die Öffentlichkeit groß davon erfährt, ohne dass Inserate geschaltet oder Personalberater beauftragt werden. Diesen großen Markt müssen Sie ansprechen. Auch dazu gibt es ganz klare Regeln:

- **Informieren Sie Ihren Bekanntenkreis ganz präzise von Ihren Veränderungsplänen und nennen Sie all Ihre ›Must-have‹- und die ›Nice-to-have‹-Kriterien. Je konkreter diese sind, umso leichter wird es anderen fallen, Ihnen die richtigen Tipps zu geben.**
- **Statt der Einzelgespräche in Ihrem Bekanntenkreis können Sie auch eine Ideen-Party veranstalten. Laden Sie dazu Menschen aus für Sie interessanten Branchen ein, präsentieren Sie Ihr Vorhaben, Ihre ›Must-have‹, die ›Nice-to-have‹ und sammeln Sie die Ideen Ihrer Gäste. Wichtig: Kritisieren oder diskutieren Sie in diesem Brainstorming keinen der Vorschläge. Es geht zunächst um Masse, nicht um Qualität.**

Je größer der Ideenspeicher ist, der hier zusammenkommt, umso größer der Fundus, aus dem Sie dann auswählen können. Nach dem ungezügelten Ideensammeln gehen Sie ins Detail und fragen Sie nach, ob Ihre Gäste konkrete Kontaktpersonen in den Unternehmen kennen, ob Sie sie als Empfehlungsgeber nennen dürfen, ob möglicherweise direkte Kontakte hergestellt werden können.

Präsentationsunterlagen vorbereiten

Ihre Präsentationsunterlagen für eine proaktive Bewerbung sind relativ schlank: ein Motivationsschreiben und ein aktueller Lebenslauf.

Das Motivationsschreiben ist ein Blick in die Zukunft und erklärt den Grund Ihrer Bewerbung. Für jedes Ihrer Zielunternehmen erarbeiten Sie ein eigenes Motivationsschreiben, in dem Sie Bezug auf das Unternehmen nehmen, die Besonderheiten betonen und begründen, weshalb Sie sich in diesem Unternehmen bewerben. Führen Sie ein bis zwei tätigkeitsbezogene Stärken an und beschreiben Sie diese mit kurzen Beispielen.

Wenn es sich um ↓-Veränderungen handelt, thematisieren Sie den möglichen Einwand Ihrer ›Überqualifizierung‹. Zum Beispiel: ›Meine Bewerbung für diese Position ist wohlüberlegt und Teil meiner persönlichen Veränderungsstrategie.‹ Sie könnten als Headline auch eine Zeile aus Spencer Johnsons Buch ›Eine Minute für mich‹ verwenden: »Erfolgreich bin ich, wenn ich bekomme, was ich will. Glücklich bin ich, wenn ich will, was ich bekomme.« Oder »Glück ist, zu realisieren, was man sich vorgenommen hat« (Peter Ludwig, deutscher Unternehmer). In diesem Fall könnten Sie im Text gleich eine Überleitung schaffen: »Ich habe mir vorgenommen, in Zukunft auf einen Teil meiner beruflichen Verantwortung zu verzichten und durch mehr Lebensqualität mehr Arbeitsqualität zu erbringen.«

Ich bin überzeugt, Sie finden weitere gute Argumente und Formulierungen. Wichtig ist: Lassen Sie diese unbedingt von einigen Personen auf ihre Wirkung überprüfen. Ich kenne das, gelegentlich verliebt man sich in eine Formulierung und verliert darüber die Objektivität. Lassen Sie aber nicht ›fremdarbeiten‹, die Aussagen müssen in jedem Fall zu Ihnen passen, im späteren Kontaktgespräch kommt die Sprache garantiert darauf!

Die verschiedenen Formen des Lebenslaufs

• Der **chronologische Lebenslauf** ist der am stärksten verbreitete. Er setzt eine weitestgehend lückenlosen Ausbildungs- und Erwerbsbiografie, also durchgängige, aneinander anschließende Ausbildungszeiten und Dienstverhältnisse, voraus.

• Der **funktionelle Lebenslauf** ist in erster Linie für Personen mit einer sehr bunten beruflichen Vergangenheit geeignet. Hier werden keine einzelnen Arbeitsverhältnisse angeführt, sondern Tätigkeitsbereiche zusammengefasst.

• Der **angelsächsische Lebenslauf** wird besonders in Großbritannien und den USA verwendet. Ich schätze ihn deshalb, weil er lesefreundlicher ist als der chronologische. Er zeichnet sich dadurch aus, dass die letzte Ausbildung oder Berufserfahrung zuerst steht. Der Recruiter liest sich also von der Gegenwart in die Vergangenheit. Da die persönlichen Daten wie Alter an letzter Stelle stehen, ist der angelsächsische Lebenslauf auch sehr gut für ›ältere Semester‹ geeignet. Der Hintergrund: Es kann Ihnen durch eine interessante Darstellung Ihrer Berufserfahrung gelingen, dass der Personalist oder die Personalistin an Ihnen Gefallen findet und nicht im ersten Block gleich über Ihr ›hohes Alter‹ stolpert und gar nicht mehr weiterliest. Einen Versuch ist es allemal wert!

• Den **Europass** (europäischer Lebenslauf), den Sie unter www.europass-info.de bzw. www.europass.at downloaden können, sollten Sie dann einsetzen, wenn Sie sich im europäischen Ausland bewerben. Der Sprachenpass (Teil des Europasses) ist ein gutes Werkzeug, wenn Sie über Fremdsprachenkenntnisse verfügen. Die detaillierte Unterscheidung Ihrer Fähigkeiten in Sprechen – Lesen – Verstehen erspart die bisherigen verwaschenen, nicht standardisierten Aussagen wie »Schulenglisch, gutes Französisch, Spanisch Maturaniveau«. Legen Sie den Sprachenpass (inklusive Erklärung) gegebenenfalls Ihren Bewerbungsunterlagen bei.

Behalten Sie immer die Zeitnot von Personalentscheidern im Auge. Besonders Menschen mit langjähriger Berufserfahrung neigen zu ausufernden Lebensläufen, die die Geduld von Personalisten rasch überfordern.

Sollten Sie zu dieser Gruppe gehören, arbeiten Sie mit einem kurzen, prägnanten Lebenslauf von zwei Seiten und legen Sie als Ergänzung weitere Arbeits- und Projektunterlagen bei.

Thematisieren Sie dies auch in Ihrem Bewerbungsbrief mit einem Hinweis. Als Beispiel: »Um Ihnen eine rasche Prüfung meiner Unterlagen zu ermöglichen, habe ich als Ergänzung zu meinem Lebenslauf weitere Projektbeschreibungen beigelegt.«

Z

DIESE INFORMATIONEN GEHÖREN IN IHREN LEBENSLAUF

- **Vorname und Nachname**
- **Adresse**
- **Telefonnummer und E-Mail-Adresse**
- **Geburtsdatum**
- **Staatsbürgerschaft**
- **eventueller Präsenzdienst, Zivildienst**
- **Familienstand**
- **Schulen/Studien/Ausbildungen**
- **Arbeitsverhältnisse (Wichtig: Beschreiben Sie Ihre Tätigkeiten detailliert!)**
- **Jobbezogene Zusatzkenntnisse**
- **Freizeitbeschäftigungen**
- **Datum und Unterschrift**

Verzichten Sie bitte nicht darauf, ein **Foto** beizulegen, am besten ein Profifoto, Mindestmaße 3,5 x 4,5 Zentimeter, Blickrichtung immer zum Text. Gescannt sollte es nur dann werden, wenn es wirklich erstklassige Qualität hat, überzeugender wirkt üblicherweise ein klassisches Schwarz-Weiß-Foto.

Selbstpräsentation trainieren

Kontaktgespräche scheitern niemals an der Qualifikation eines Bewerbers (würden diese nicht grundsätzlich passen, käme es zu keinem persönlichen Interview), sie scheitern oft daran, dass Bewerber und Bewerberinnen schlecht oder völlig unvorbereitet in ein solches Gespräch gehen. Trainieren Sie deshalb Ihre Selbstpräsentation bzw. den Ablauf eines Kontaktgesprächs so lange, bis Sie sich sicher fühlen. Idealerweise suchen Sie sich dafür einen Coach oder jemanden aus Ihrem Bekanntenkreis, der Erfahrung im Recruitment oder in Personalführung hat.

Z

DIE PHASEN EINES KONTAKTGESPRÄCHS:

- **Warmplaudern: Man gibt Ihnen die Möglichkeit ›anzukommen‹ und sich zu entspannen.**
- **Kurze Darstellung des Unternehmens und der Position**
- **Bitte an Sie, sich darzustellen, über sich zu erzählen, Ihre Motivation zu erklären**
- **Nachhaken, Nachfragen in Bezug auf fachliche und persönlichen Stärken und Erfahrungen**
- **Gehaltsdiskussion**

Den Abschluss bildet üblicherweise die Frage an Sie, ob es für Sie noch offene Punkte gibt. Bereiten Sie in jedem Fall einige Fragen vor. Achtung: Stellen Sie keine Fragen, die ein Blick auf die Website des Unternehmens auch beantwortet hätte! Wichtig ist, dass Sie sich auf mögliche Fragen des Personalisten oder der Personalistin umfassend vorbereiten. Jeder Blick gen Himmel signalisiert Ihrem Gegenüber, dass Sie sich zu wenig Zeit für Ihre Vorbereitung genommen haben.

Downshifting-Strategien im Bewerbungsgespräch erläutern

Wie Sie ↓-Veränderungen im eigenen oder in einem Fremdunternehmen argumentieren, sollten wir uns genauer ansehen. Mit folgenden Fragen haben Sie vermutlich zu rechnen:

- **Warum wollen Sie in Zukunft weniger arbeiten/weniger Verantwortung tragen?**
- **Wie werden Sie in Zukunft mit weniger Einkommen auskommen?**

- **Was sagt Ihr Partner/Ihre Partnerin dazu?**
- **Sind Sie überhaupt nicht karriereorientiert?**
- **Sind Sie in Ihrer derzeitigen Position überfordert/ haben Sie ein Burnout?**
- **Haben Sie damit kein Imageproblem?**
- **Für die neue Position sind Sie überqualifiziert!**

Sie müssen damit rechnen, dass Sie mit Ihrem Veränderungswunsch Ihr Gegenüber überraschen oder auf Unverständnis stoßen. Nur wenige sind so mutig, einen Teil ihrer beruflichen Wichtigkeit zu opfern, um ihren Z-Faktor zu erhöhen. Es kann Ihnen auch passieren, dass Sie durch Ihr Verhalten, Ihren Plan dem Personalisten einen Spiegel vorhalten, in den er entweder gern schaut – dann werden Sie ein interessantes Gespräch führen und haben gute Chancen zu überzeugen. Oder aber andersrum, Sie wecken eine Sehnsucht, die Ihr Gesprächspartner sich nicht eingestehen mag. Dann könnte es ein kompliziertes Gespräch werden. Wie auch immer das Gespräch verläuft: Da Sie eingeladen worden sind und Personalentscheider ihre Zeit nicht mit unsinnigen Terminen vergeuden, haben Sie jedenfalls Chancen auf diesen Job.

Abhängig von Ihrem Alter werden Sie möglicherweise mit weiteren Fragen oder Aussagen konfrontiert werden, wie:

- **»Sind Sie nicht zu jung, um jetzt schon auf Karriere zu verzichten?«**
- **»Kann es sein, dass Sie aufgrund Ihres Alters einfach aufgegeben haben und bequem geworden sind?«**
- **»Ich nehme an, es geht Ihnen gesundheitlich nicht mehr gut, weil Sie jetzt weniger arbeiten wollen?«**
- **»Wollen Sie sich die letzten Jahre bis zur Pension bei uns entspannen?«**

Nehmen Sie keine dieser Fragen persönlich, erinnern Sie sich stets daran: Wäre mein Gegenüber nicht an mir interessiert, ich säße nicht hier. Bleiben Sie immer sachlich und rechtfertigen Sie sich nicht. Oft steht der Inhalt Ihrer Antwort nicht im Vordergrund, Ihre Reaktion auf eine Frage ist wichtiger und sagt mehr über Sie aus als der bloße Text. Daher habe ich Ihnen einige Vorschläge zu möglichen Antworten zusammengestellt. Wichtig: Lernen Sie diese nicht auswendig. Finden Sie neue Antworten, wenn Sie sich mit meinen Vorschlägen nicht ganz identifizieren können. Ihre Antwort muss zu Ihnen passen!

Warum wollen Sie in Zukunft weniger arbeiten/weniger Verantwortung tragen? – »Mit diesem Entschluss beschäftige ich mich schon seit Langem, er ist wohlüberlegt. Ich bin überzeugt, dass ich durch mehr Lebensqualität auch die Qualität meiner Leistungen erhöhen kann. Es geht mir nicht mehr darum, viel zu arbeiten, es geht mir darum, gut zu arbeiten.«

Wie werden Sie in Zukunft mit weniger Einkommen auskommen? – »Ich bin glücklicherweise in einem Alter, wo ich nichts mehr aufbauen muss. Die Ausbildungen meiner Kinder sind finanziert, das Haus abbezahlt. Ich kann es mir endlich erlauben, weniger zu verdienen« (wenn Sie jenseits der Vierzig sind). »Ich habe geringe Fixkosten und keine teuren Hobbys. Ich wurde von meinen Eltern zur Bescheidenheit erzogen und habe mir genau durchgerechnet, wie viel ich verdienen muss, um meinen Lebensstandard auf dem Niveau zu halten, wo ich zufrieden bin« (für jüngere Bewerber).

Was sagt Ihr Partner/Ihre Partnerin dazu? – »Wir haben lange darüber gesprochen. Sie/er ist mit meinem Entschluss sehr glücklich.« (Diese Frage betrifft Ihre Privatsphäre und müsste grundsätzlich gar nicht beantwortet werden. Es macht aber keinen Sinn, hier auf stur zu schalten.)

Sind Sie überhaupt nicht karriereorientiert? – »Ich bin leistungsorientiert, hänge aber nicht an Funktionsbeschreibungen auf meiner Visitenkarte, weil ich mich nicht über meinen Titel, sondern über die Qualität meiner Leistungen definiere.«

Sind Sie in Ihrer derzeitigen Position überfordert/haben Sie ein Burnout? – »Gut, dass Sie das ansprechen. Um genau das zu verhindern, habe ich mein Leben umgestellt. Ich bin überzeugt, dass mehr Lebenszufriedenheit das beste Gegenmittel gegen Überforderung und Burnout ist.«

Haben Sie damit kein Imageproblem? – »Es tut gut, niemandem mehr etwas beweisen zu müssen.«

Für die neue Position sind Sie überqualifiziert! – »Ich vermute, Sie fürchten, dass ich unzufrieden sein und bald wieder gehen könnte. Diese Sorge möchte ich Ihnen gerne nehmen. Ich habe lange über diesen Wechsel nachgedacht und mich entschieden, in Zukunft ...... zu sein/zu tun. Ich bin sicher, dass ich aufgrund meines Fachwissens sehr viel zum Unternehmenserfolg beitragen kann.«

Friedrich, ein 56-jähriger Manager, der an der Verbesserung seines Z-Faktors arbeitete und sich von der Position des Abteilungsleiter eines großen Fachmarktes weg als einfacher Verkaufsmitarbeiter bewerben wollte, erzählte mir seine Erfahrung: »Ich wanderte, bevor ich das Gespräch mit dem Personalisten hatte, über eine Stunde durch den Fachmarkt und mir fiel auf, dass die Verkäufer dort alle halb so alt waren wie ich. Die Kunden dagegen kamen aus allen Altersklassen. Beim späteren Interview sprach ich über meine Wahrnehmung und darüber, dass ich als ›Gleichaltriger‹ bei den älteren Kunden möglicherweise mehr Akzeptanz hätte. Die Tatsache, dass ich darüber hinaus viele Jahre Produkterfahrung mitbrachte und darauf verwies, dass ich als Älterer auch ausgleichend in dem Team junger Verkäufer wirken könnte, führte dazu, dass ich sofort im Anschluss an das Kontaktgespräch meinen Dienstvertrag unterschreiben konnte.«

Kontaktgespräche führen

Den Ablauf habe ich im letzten Punkt bereits beschrieben. Jetzt geht es nur mehr darum, dass Sie alles Trainierte umsetzen. Achten Sie darauf, dass Sie gepflegt und der Position und dem Unternehmen entsprechend gekleidet sind. Wichtig: Besonders bei ↓-Veränderungen besteht die Gefahr, dass Sie overdressed daherkommen. Waren Sie bisher vielleicht gewöhnt, im klassischen Dreiteiler oder im Businesskostüm zur Arbeit zu kommen: Wenn Sie Ihren Führungsanspruch aufgeben, muss sich das auch in Ihrer Kleidung zeigen. Am besten, Sie verschaffen sich schon vor dem Kontaktgespräch einen Eindruck, wie Mitarbeiter Ihres Zielunternehmens gekleidet sind.

Achten Sie auf Ihre Körpersprache. Wenn Sie nicht voll und ganz hinter Ihrem Entschluss stehen, Ihren Z-Faktor auf Kosten Ihrer bisherigen beruflichen Verantwortung zu optimieren, wird Ihr Körper dies verraten. Deshalb wichtig: Sie müssen innerlich hundertprozentig davon überzeugt sein, dass die Veränderung für Sie gut und richtig ist, bevor Sie losstarten und Kontaktgespräche führen.

CPC

Kennen Sie das Kürzel CPC? Es bedeutet ›Contacts per customer‹. In vielen Unternehmen ist dies eine wichtige Unternehmenskennzahl. Bei Amazon zum Beispiel misst sich der Unternehmenserfolg unter anderem auch an möglichst geringen CPC. Je selbsterklärender und logischer die Internet-Plattform aufgebaut ist, je seltener Kunden aktiv nachfragen, umso besser.

Bei der Umsetzung Ihrer Veränderungsstrategie in Richtung der Erhöhung Ihres persönlichen Z-Faktors ist es genau umgekehrt. Je mehr CPC (Ihre Gesprächspartner sind Ihre Kunden, Sie befinden sich bei Ihren Kontaktgesprächen immer in einer Verkaufssituation) Sie schaffen, umso größer sind Ihre Chancen, den neuen Job zu bekommen.

Deshalb: Nach jedem Kontakt mit Ihrem Zielunternehmen (telefonische Vereinbarung eines Bewerbungstermins, nach diesem Termin, bei Nachfragen bezüglich der Entscheidung, bei Zusagen und auch bei Absagen) verdoppeln Sie diesen, indem Sie eine kurze E-Mail nachschicken, in der Sie auf das Telefonat, das Gespräch eingehen, Vereinbartes bestätigen, sich bedanken, Vergessenes nachholen. Wichtig: Je höher Ihre CPC sind, umso höher die Wahrscheinlichkeit des neuen Jobs!

Sich selbstständig machen?

Die letzte angeführte Möglichkeit einer beruflichen Veränderung ist die Selbstständigkeit. Da fast drei Viertel der Unternehmensgründungen das dritte Betriebsjahr nicht überleben, ist diese Möglichkeit sehr genau und in alle Richtungen zu hinterfragen.

WERDEN SIE NUR DANN SELBSTSTÄNDIG WENN:

- **Ihr Z-Faktor nicht von der Anzahl Ihrer Arbeitsstunden abhängig ist.**
- **Sie gerne mehr arbeiten als während Ihrer Zeit als Dienstnehmer.**
- **Sie eine geniale (Nischen-)Idee haben.**
- **Sie Risiko nicht scheuen, aber ganz realistisch einschätzen.**
- **Sie ausreichend Kapital haben.**
- **Sie einen ehrlichen, ungeschönten Businessplan erstellt haben.**
- **Sie ausreichende finanzielle Reserven für zumindest das erste Betriebsjahr haben.**
- **Sie wissen, dass Umsatz nicht gleich Gewinn ist.**
- **Sie sich Fixkosten erst erlauben, wenn die Ertragsseite stimmt.**
- **Sie einen exzellenten Steuerberater haben.**
- **Sie besonders gut mit Rückschlägen umgehen können.**
- **Sie kreativ, leistungsstark und ein wenig wahnsinnig sind.**
- **Sie es lieben, zu networken.**
- **Sie bereit sind, anfangs alles zu sein und zu tun, was erforderlich ist, um Ihr Unternehmen organisch und gesund wachsen zu lassen.**
- **Ihr Partner bereit ist, sich mit Ihnen die Verantwortung für Haus, Hof und Kinder zu teilen.**

Zahlreiche Stellen bieten Unternehmensgründern jede Menge Unterstützung. Wenn Sie sich also mit dieser Idee tragen, sprechen Sie zeitgerecht mit Experten, zum Beispiel auch über die Möglichkeit der Aufnahme in ein Unternehmensgründerprogramm.

Mit den in diesem Kapitel erläuterten Werkzeugen haben Sie die praktischen Grundlagen für einen Umstieg innerhalb Ihres Unternehmens oder in ein anderes Unternehmen von mir erhalten. Ergänzen Sie dies bei Bedarf durch Lektüre von weiterer Bewerbungsliteratur, durch Bewerbungstrainings und entsprechende Beratungsangebote.

Im nächsten Abschnitt gehe ich auf einige Punkte ein, die Sie bei der Analyse Ihres Zufriedenheitsfaktors weiter unterstützen können und die auch private und persönliche Aspekte noch etwas mehr vertiefen.

Kapitel 5

Be-Sinnung

In diesem Kapitel biete ich Ihnen eine Auswahl von Bereichen an, über die nachzudenken sich im Sinne einer Optimierung Ihres Z-Faktors lohnt. Verstehen Sie meine Gedanken zu den einzelnen Themen als Anregung, deren Bedeutung für Ihr eigenes Leben und Ihre eigene Zufriedenheit zu reflektieren. Zu jedem Thema finden Sie Be-Sinnungs-Fragen, die aus meiner Arbeit mit meinen Klienten entstanden sind, die ich mir aber auch selbst immer wieder stelle, wenn ich merke, mein Z-Faktor ist nicht so ausgewogen, wie ich mir das wünsche.

Wo ist *Ihr* Platz?

»Es gibt einen Platz, den du füllen musst, den niemand sonst füllen kann, und es gibt etwas für dich zu tun, das niemand sonst tun kann«, stellte schon Platon, der selbst ja ein ziemlich umtriebiger Multitasker war, fest. »Und wo, bitte sehr, ist mein Platz?«, fragen wir uns seit damals. »Und wie füllen wir ihn aus?«

Je nach Beruf und Branche oder abhängig von Ihrer persönlichen Lebensphase wird sich diese Frage einmal mehr, einmal weniger klar beantworten lassen.

Zu dieser Thematik gibt es ein spannendes Buch: ›Und sie bewegt sich doch. Neue Chancen und Spielregeln für die Arbeitswelt von morgen‹ von Imke Keicher und Kirsten Brühl. Die beiden Trendforscherinnen in Matthias Horx' ›Zukunftsinstitut‹ stellen fest, dass es in Zukunft viel um Spielfreude, Empathie, Kreativität und Einzigartigkeit gehen wird:

»Die Arbeitswelt bewegt sich und ändert radikal ihr Gesicht. Die Revolution vollzieht sich vor unseren Augen. Mit jedem Menschen, der (. . .) nach einem Arbeitsbegriff lebt und handelt, bei dem die eigene Originalität und die Verwirklichung eines individuellen Lebensentwurfs im Vordergrund stehen. Und das werden immer mehr. Wir nennen sie Kreativarbeiter. In der kreativen Wirtschaft geht es weniger darum, was einer tut, sondern wie er es tut. Ob Landschaftsgärtner, Zahnarzt, Bäcker oder Lehrer – sie alle sind Kreativarbeiter, wenn sie ihren Job machen, weil sie ihn wirklich tun möchten – und wenn sie bereit sind, ihre Arbeit und sich selbst immer wieder neu zu definieren.«

Können Sie sich vorstellen, dass diese Menschen einen deutlich höheren Z-Faktor haben als die in der Maschinerie lebenslänglich malochenden Arbeitsbienen?

Den Wunsch nach einer Leichtigkeit des eigenen Seins hegen auch viele dieser Bienen, das Bewusstsein für die eigene Gestaltungskraft allerdings fehlt ihnen häufig. Und der erforderliche Mut, sich dies einzugestehen. Es ist einfacher, Verantwortung für das eigene Leid abzugeben, an die Eltern, den Partner, die Kollegen, den Chef, die Wirtschaft oder die Politik. Und wenn die alle nicht mehr als Projektionsflächen taugen, dann eben an das Schicksal und die Planetenkonstellation im Augenblick unserer Geburt. Irgendeiner, irgendetwas findet sich immer, der oder das als Sündenbock taugt.

Nur, was nützt es? Was bringt es, zu wissen, wer mir täglich eins auf die Rübe gibt? Weh tut mein Kopf und nicht der des anderen. Wäre es da nicht klüger, prophylaktisch zu denken und dem Grobian frühzeitig aus dem Weg zu gehen? Umgelegt auf unser Thema: Mich dem, der oder das mir schadet, zu entziehen? Erfahrung durch Erkenntnis und nicht erst durch Schmerz und Leid?

Gerhard Zadrobilek, Kollege und lieber Freund, beschreibt in seiner als Sachbuch getarnten und gerade deshalb so sympathischen Biografie ›Ist Erfolg nur Zufall?‹:

»Im Alltag begegnet man allzu oft Menschen, die Zwängen unterliegen oder in Situationen geraten, die sie oberflächlich betrachtet nicht zu verändern mögen. Unweigerlich geraten sie sodann in die Opferrolle. Unter diesen Umständen bleibt der Blick auf die Möglichkeiten verwehrt, selbst die Gestalterrolle übernehmen und Dinge verändern zu können. Man bleibt sicherheitshalber lieber Gewohnheiten und Bequemlichkeiten verhaftet, anstatt Veränderungen auf sich zu nehmen.«

Oft bietet eine Krise die Chance, die Häuptlingsrolle im eigenen Leben und die Verantwortung für den eigenen Z-Faktor wieder zu übernehmen. Der Zusammenhang zwischen Krise und Chance, der für Chinesen schon aufgrund des Schriftzeichens für Krise (›wei-ji‹ setzt sich aus den Zeichen für Gefahr und gute Gelegenheit/Chance zusammen) auf der Hand liegt, scheint uns Europäern noch nicht ganz klar. Und trotzdem, dieser Zusammenhang besteht, wir sollten ihn uns nutzbar machen – und nicht bei der ersten Gelegenheit wieder in den alten Trott zurückfallen. Die Möglichkeiten der konstruktiven Veränderung und des kreativen Ortswechsels – und sei es nur eine Veränderung des Blickwinkels! – sind doch viel zu wertvoll, um sie ungenützt verstreichen zu lassen.

Z

BE-SINNUNGS-FRAGEN

- **Welchen Zwängen unterliegen Sie?**
- **Wo können Sie sich Freiräume schaffen?**
- **Wo können Sie Ihren Blickwinkel verändern?**
- **Wo können Sie Ihren persönlichen Ort finden?**

Neue Freiheit – oder unsichtbar gefesselt?

Die Veränderungen der Arbeitswelt, die Zunahme von selbstbestimmten Arbeitsformen auf Projektbasis, Arbeit im Homeoffice, die Möglichkeiten, immer und überall online zu sein, lösen das klassische Büro, den klassischen Arbeitsplatz im Unternehmen speziell für Knowledge-Worker, aber nicht nur für diese, immer mehr ab.

Die Grenzen zwischen Arbeit und Privatleben verschwimmen auch in vielen »klassischen« Berufsfeldern zusehends. Mit Handy, PDA und Blackberry ist man auch am Wochenende und im Urlaub erreichbar, und das tageweise Arbeiten im Homeoffice wird von vielen bereits praktiziert. Spannende Weiterentwicklungen, die dem einen durchaus nützen, weil er sich durch ortsungebundenes Arbeiten mehr Freiräume schafft. Für den anderen der pure Horror, weil ungestörte Freizeit nicht mehr möglich ist oder man im Homeoffice vereinsamt.

Meiner Erfahrung nach führt die Technik, die uns vermeintliche Freiheit verspricht, insgesamt eher dazu, dass wir alle uns noch mehr gegängelt fühlen. Die Rund-um-die-Uhr-Verfügbarkeit ist für Menschen mehr eine Geißel denn eine Segnung. Andererseits, und das erlebe ich recht häufig, generieren Menschen oft auch erst Wichtigkeit durch ihre nach außen getragene ›Ich bin so wichtig, ich muss immer erreichbar sein‹-Botschaft. Eine Wichtigkeit, die sie sich besser selbst verliehen.

»Und wie stellen Sie sich das vor? Ich kann nicht einfach mein Handy abschalten, meine Mitarbeiter und Kunden brauchen mich«, meinte Bernhard, Führungskraft einer renommierten Immobilienkanzlei, der mit dem Z-Faktor in seiner Beziehung schwer kämpfte, ziemlich entrüstet. Ich kam ihm dann mit dem klassischen Beispiel einer schweren Erkrankung, während der er auch nicht verfügbar wäre.

»Das ist etwas völlig anderes, dafür gibt es Krisenpläne und Vertretungsregelungen.«

Eins zu null für Bernhard. Aber da ich die klassischen Managerausreden allesamt schon gehört habe, war ich nicht überrascht. Ich bat ihn zu berechnen, wie viel Zeit das abendliche und wochenendliche Telefonieren seiner Partnerschaft an Gemeinschaftszeit stahl. Vom Ergebnis war sogar ich überrascht. Ich fragte ihn, wie er sich fühlen würde, stünde seine Frau während des Abendessens ständig auf, um Firmengespräche zu führen. Wie es ihm dabei ginge, ständig vor Augen geführt zu bekommen, wie unwichtig seine Arbeit im Vergleich zum Job seiner Frau wäre, und ob er sich vorstellen könnte, dass sein Verhalten einen negativen Einfluss auf den Z-Faktor in seiner Beziehung haben könnte. Er wurde nachdenklich.

Später sollte er mir dann erzählen, dass er ›seine Wertigkeiten‹ zurechtgerückt und einen Weg gefunden hätte, auch mal – buchstäblich – abzuschalten.

BE-SINNUNGS-FRAGEN

- **Haben Sie manchmal den Wunsch, abzuschalten, nicht erreichbar zu sein, Ihre Verfügbarkeit für andere zu begrenzen?**
- **Was hindert Sie daran, das umzusetzen?**
- **Wo und wie könnten Sie damit beginnen?**

Brennen für etwas – oder ausbrennen?

Ein Phänomen, das zunehmend die Massen zu beherrschen beginnt, ist das Burnout-Syndrom. Die parallel ansteigenden Belastungen im Beruf und im Alltag führen bei immer mehr Menschen dazu, dass sie sich ausgebrannt fühlen, krank werden. Die ›Managerkrankheit‹ hat sich auf allen Ebenen breitgemacht, wobei die Symptome vielfältig und die Ursachen unterschiedlich sind.

Burnout ist ein gesellschaftlich akzeptierter Zustand. »Burnouter« gelten gemeinhin als besonders leistungsstarke, zielorientierte, mit viel Verantwortung beladene managerähnliche Erscheinungen, die durch ihren Übereinsatz sozusagen im Dienste der Allgemeinheit öffentlich zusammenbrechen und dafür auch noch Orden bekommen.

Begründet wurde der Begriff von dem Psychoanalytiker Herbert Freudenberger, der ihn 1974 zunächst für Sozial- und Pflegeberufe als »Erschöpfung der Energiereserven, die von Vertretern der helfenden Berufe empfunden wird, wenn sie sich von den Problemen anderer überfordert fühlen« definierte. Mittlerweile ist aber klar, dass Burnout jeden erwischen kann, unabhängig von Tätigkeit, Verantwortung, Hierarchie. Manager ebenso wie Regalbetreuer, Kraftfahrer ebenso wie Buchhalter. Relevant ist nicht, welchen Job jemand macht, sondern wie er ihn macht. Wobei das ›Wie‹ sich nicht auf Leistungsqualität bezieht, sondern auf die innere Einstellung.

Matthias Burisch, deutscher Burnout-Experte, beschreibt in seinem Buch ›Das Burnout-Syndrom. Theorie der inneren Erschöpfung‹, dass viele seiner Klienten, ohne es selbst zu durchschauen, in einer Falle säßen. »Diese Menschen sind entweder blockiert bei der Verfolgung eines unerreichbaren Zieles, das sie gleichwohl nicht fallen lassen oder bescheidener definieren können. Oder sie verharren in einer subjektiv schwer erträglichen Situation, bei deren Veränderung sie gescheitert sind; der Preis für Aufbruch und Neuanfang an anderer Stelle scheint unbezahlbar hoch.«

Daraus abgeleitet unterscheidet Burisch zwischen den ›Blockierten‹ und den ›Gefangenen‹. Ich kenne sie beide, wobei Blockierte meiner Erfahrung nach rascher und leichter imstande sind, ihren Z-Faktor zu optimieren. Weshalb? Eine kritische Auseinandersetzung mit den eigenen Zielen in Verbindung mit dem persönlichen Nutzen schafft hier recht bald Klarheit und den Willen, etwas zu verändern. Die ›Gefangenen‹ hingegen brauchen meist mehr als einen guten Coach, hier braucht es oft einen guten Therapeuten, der längerfristig begleitet.

Claudia beispielsweise, ein filigranes, sensibles und kreatives Geschöpf, das – dem Wunsch der Großmutter entsprechend – Internationale Betriebswirtschaft studierte (mittlerweile im 11. Semester), den Z-Faktor eines sibirischen Zwangsarbeiters hatte und sich zusehends in einer Burnout-Situation wiederfand, konnte sich erst dann damit beschäftigen, ihren Z-Faktor zu verbessern, nachdem sie in monatelangen Therapiesitzungen die Loslösung von ihrer Großmutter vollzogen hatte.

Doch es muss nicht immer gleich ein ausgewachsener Burnout sein, vielfach leiden Menschen unter vermehrtem Stress und unter Belastungen, die aus konkreten Gründen und/oder diffusen Ängsten herrühren und die sich im Alltag mit den sonstigen Anforderungen, denen man sich ausgesetzt fühlt, zur permanenten Belastungsprobe entwickeln.

Dabei ist zu fragen, was davon echt ist, und was davon – wir haben es ja schon mehrmals erläutert – auf Glaubenssätzen beruht, die unsere Gedanken und unser Handeln beeinflussen. Was müssen Sie wirklich müssen?

BE-SINNUNGS-FRAGEN

Was mache ich, weil andere sagen, ich müsste? (Noch mehr Leistung, tolle Karriere, mehr Einkommen ...)

- Tut mir das gut?
- Wenn nicht, was davon stelle ich ab?
- Was wird sich für mich ändern, wenn ich das abstelle?
- Ist die Verbesserung es wert, diese Veränderung zu wagen?
- Wann stoppe ich dieses Tun?

BE-SINNUNGS-FRAGEN

Was besitze ich, weil andere sagen, ich müsste es haben? (Großes Haus, schnelles Auto, Designerklamotten ...)

- Tut mir das gut?
- Wenn nicht, wovon trenne ich mich, was schaffe ich gar nicht erst an?
- Was wird sich für mich ändern, wenn ich das mache?
- Ist die Verbesserung es wert, diese Veränderung zu wagen?
- Wann stoße ich es ab?

Wie bin ich, weil andere sagen, ich müsste so sein? (ewig jung, sportlich, Partytiger, für alle immer da ...)

- Tut mir das gut?
- Wenn nicht, was davon bin ich ab sofort nicht mehr?
- Was wird sich für mich ändern, wenn ich nicht mehr so bin, wie andere es von mir erwarten?
- Ist die Verbesserung es wert, die Veränderung zu wagen?
- Ab wann bin ich endlich ich?

Mit vollem Körpereinsatz?

Sie erinnern sich, dass wir als vierte Z-Faktor-Komponente **»kW«,** also körperliches Wohlbefinden, definiert haben. Ein Bereich, den wir in unserer Freizeit wunderbar fördern können. Joggen Sie doch jeden Morgen eine Stunde, schwimmen Sie abends 50 Längen, strampeln Sie am Wochenende, wenn Sie keine 18-Loch-Runde golfen wollen, wenigstens eine Marathondistanz, aber vergessen Sie nicht, zwischendurch ins Fitnessstudio zu gehen. Unmöglich? Klar! Ich gestehe, dieser Programmvorschlag ist wirklich etwas überzogen, wenn Sie nicht für Olympia 2012 in England trainieren. Aber viele Menschen meinen, im Stand von null auf hundert kommen zu müssen, ihr körperliches Wohlbefinden (das oft mit eingerosteten Gliedmaßen und respektablem Mehrgewicht einhergeht) innerhalb kürzester Zeit wiederherzustellen. Einige von ihnen landen in der Unfallchirurgie, andere in der Kardiologie. Allen ist gleich, dass sie mit verbissenen Gesichtern und verspannten Muskeln in Designertrainingsklamotten auf ihre Pulsuhren starrend ihren Körper weit über seine Grenzen hinaus schinden.

Das hat mit kW nicht das Geringste zu tun, das ist eine Prolongation des Leistungszwanges über die reguläre Dienstzeit hinaus. Dass Sie leistungsfähig sind, bezweifle ich nicht, sind Sie aber auch zufriedenheitsfähig? Ihr kW wird in dem Maße steigen, in dem Sie Leistung zugunsten Zufriedenheit reduzieren. Achtung: Das ist kein Aufruf zur Leistungsverweigerung. Es ist aber sehr wohl ein Aufruf zur kritischen Infragestellung Ihres Leistungsdenkens in Verbindung mit der Erhöhung Ihres Z-Faktors.

Eine Idee, die ich sehr sympathisch finde, ist Zen-Running, worüber Ausdauersportler Günter Heidinger ein Buch veröffentlicht hat: ›Zen-Running – Sport als Lebensphilosophie‹. In einem Interview mit der österreichischen Tageszeitung Kurier sagte er: »Sport ist eine Lebensphilosophie, die entscheidende Impulse liefern kann, das eigene geistige und seelische Potenzial auszuschöpfen. Es ist eine Art Selbstschulung.«

Im Grunde ist es völlig gleichgültig, was Sie tun, um Ihr körperliches Wohlbefinden zu erhöhen, solange Sie sich nicht unter Zwang setzen, Leistungen zu erbringen, sich an anderen messen, ständig schneller/weiter/ höher/besser sein wollen. Stellen Sie den Genuss in den Vordergrund, tun Sie sich selbst etwas Gutes.

Natürlich spielt auch die Ernährung eine große Rolle in Zusammenhang mit Ihrem kW. Dass natürliche Vitamine besser sind als synthetische, dass Kuchen mehr Kalorien hat als eine Gurke und gedünstet gesünder als gebacken ist, wissen wir alle. Ich bin auf diesem Gebiet zwar keine Expertin (und zu sehr hänge ich noch an meinen Schokobananen), lade Sie aber mit Nachdruck ein, sich z. B. mit meiner Autorenkollegin Sasha Walleczek anzufreunden, die Sie mithilfe ihres Bestsellers ›Die Walleczek-Methode. Ohne Diät zum Wunschgewicht‹ professionell begleiten wird.

Ein Grundgesetz: Alles, was Sie in Maßen genießen, schadet Ihnen nicht. Das gilt auch für Alkohol und Tabak. Wenn es denn sein muss, dann in vernünftigen, am besten homöopathischen Dosen. Wenn Sie es allerdings schaffen, sich ganz von Ihrer Nikotinsucht – die mittlerweile ja ohnedies völlig aus der Mode gekommen ist – zu befreien: Ihr kW wird sich dramatisch verbessern.

Aber hüten Sie sich davor, alles gleichzeitig anzugehen, ein Scheitern ist hier leider vorprogrammiert. Erstellen Sie sich einen vernünftigen Zeitplan und lassen Sie sich helfen. Ob Sie sich einen Arzt suchen, der Ihr kW-Management begleitet, oder ob Sie sich in Gemeinschaft Gleichgesinnter wohler fühlen: Wichtig ist einzig, dass Sie Ihren ganz individuellen Zugang finden, sich von niemandem einreden lassen, wie es zu gehen hätte, und es vor allem niemals irgendjemand anderem als sich selbst zuliebe machen.

Schaufeln Sie auf Ihrem Weg zu optimalem körperlichem Wohlbefinden ein Hindernis nach dem anderen weg, kleine, überschaubare Häppchen müssen es sein. Eins nach dem anderen, der organische Weg der kleinen Schritte. Dieses Vorgehen ist Garant für Ihren Erfolg.

Mit Rückschlägen werden Sie trotzdem zu rechnen haben. Werfen Sie dann aber nicht Ihr komplettes Vorhaben über den Haufen. Niemand scheitert am Gipfelsturm, nur weil er den langsameren Aufstieg wählt, manche geben allerdings zu früh auf.

Wenn Sie glauben, dass Sie es nicht schaffen: Sie haben sich schon einmal unermessliche Energie bewiesen: Irgendwann ist jeder von uns vom Vierfüßler zum Zweibeiner geworden. Die ersten Versuche des aufrechten Ganges endeten an einer Schrankecke, einer Tischkante oder bestenfalls mit der Nase auf dem Boden. Haben wir aufgegeben? Nein! Nach jedem Sturz haben wir uns aufgerappelt und es weiter versucht. Es ist also keine Schande, hinzufallen, es ist eine Schande, liegen zu bleiben.

Z

BE-SINNUNGS-FRAGEN

- **Wo unterliegen Sie einem ungesunden Leistungszwang?**
- **Was könnten Sie tun, um sich davon zu lösen?**
- **Wie können Sie auf gesunde Art und Weise in Bewegung kommen und bleiben?**

Work? Life? Balance?

Vermutlich haben Sie sich auch schon mit dem Thema Work-Life-Balance beschäftigt, weshalb ich darauf im Sinne der Wortkombination nicht großartig eingehen werde. Zumal ich mit dem Begriff überhaupt nichts anfange. Impliziert er doch, dass Arbeiten und Leben zwei Gegensätze wären. Das steht in krassem Widerspruch zu der holistischen Ansicht, die ich zur Erhöhung Ihres Z-Faktors vertrete. Wenn ich arbeite, lebe ich dann nicht? Und wenn ich lebe, am arbeitsfreien Wochenende, ist es dann verboten, ein Fachjournal durchzublättern, weil das ja einem Arbeitseinsatz gleichkäme und mein Leben unterbräche?

Ich halte die, wenn auch nur begrifflich verunglückte, Trennung zwischen Arbeit und Leben für nicht zeitgemäß, die Grenzen verschwinden immer mehr und ich meine, dass diese Entwicklung nicht per se negativ ist. Sie beinhaltet auch Chancen.

Menschen mit einem hohen Z-Faktor finden ihre Balance nicht durch Separation, sondern durch Integration. Sie nehmen sich die Freiheit, auch während des Arbeitens zu leben, und sie fühlen sich deutlich wohler als Vergleichsgruppen, die ihr Leben an der Stechuhr abgeben.

Der Grund? Sie sehen Sinn in ihrem Tun. Voraussetzung ist also, dass Sie einen Job haben, der allein für sich schon einen sehr hohen Z-Faktor mit sich bringt.

BE-SINNUNGS-FRAGEN

- **Möchten Sie Ihre Lebensbereiche besser ausbalancieren, mehr trennen oder möglicherweise gar nicht mehr trennen?**
- **Wo und wie könnten Sie damit beginnen, zu einem ausgewogenen Maß zwischen Anspannung und Entspannung zu finden?**

Arbeitslosigkeit

Ich denke, wir sollten hier auch das Thema Arbeitslosigkeit streifen, denn ich höre von Menschen mit einem sehr niedrigen beruflichen Z-Faktor gelegentlich: »Also den Arbeitslosen geht's gut, die werden halbwegs ordentlich versorgt und müssen sich nicht mehr über ihren Job ärgern.« In diesem Zusammenhang wurde mir kürzlich eine interessante Frage gestellt: »Erhöht Nichtstun automatisch den Z-Faktor?« Die Frage kam von Manfred, dem gekündigt worden war und der nun kurz vor Beginn seiner Arbeitslosigkeit stand. Ich wusste aus seinen Erzählungen, dass er als Monteur jahrelang in einem überaus stressigen Beruf mit viel Reisetätigkeit gesteckt hatte und der Arbeitslosigkeit eher entspannt entgegenblickte.

Doch ich arbeite viel mit arbeitslosen Menschen und ich kann Ihnen versichern: Arbeitslosigkeit verursacht in der Regel extremen Stress, und sowohl psychische wie physische Beschwerden bis hin zu Depressionen und Suizidgefahr nehmen bei Arbeitslosen deutlich zu.

Es mag, wenn man in einem ungeliebten Job steckt, ja durchaus verlockend klingen, ein paar Wochen arbeitslos zu sein und in der Sonne zu liegen. Mit einer Einstellzusage oder einem fixen Dienstvertrag in Händen durchaus nachvollziehbar. Ohne die Gewissheit, nach einer kurzen Unterbrechung wieder eine sinnstiftende, entgeltliche Beschäftigung zu haben, schaut die Sache ganz anders aus. Viele Menschen klagen über ihre Arbeitsbedingungen und idealisieren das Arbeitslosendasein. Verlieren sie ihren Job dann tatsächlich, klagen sie, weil sie arbeitslos sind. Das Leben mit Job ist nichts, das Leben ohne allerdings auch nicht. Unzufriedenheit auf allen Linien und überreif für die Arbeit am Z-Faktor. Der Glücksforscher Bruno S. Frey verweist auf Studien, die gezeigt haben, dass einer der größten Einflüsse auf das Glück sei, nicht arbeitslos zu sein. Es ist zulässig, diese Aussage auch auf Ihren Z-Faktor zu beziehen.

BE-SINNUNGS-FRAGE

Was verbinden Sie persönlich mit dem Begriff Arbeitslosigkeit?

Beziehung um jeden Preis?

Vor einiger Zeit begleitete ich Erika, eine selbstkritische Informatikerin, die beschlossen hatte: Im nächsten Jahr wird alles anders, sprich besser. Sie stand kurz vor Antritt eines neuen, sehr interessanten Dienstverhältnisses. Ihren Alltag hatte sie schon umgekrempelt, und die Diagrammkurven, in denen sie ihren täglichen Z-Faktor festhielt, zeigten nach oben.

»Und jetzt muss ein Dauermann her«, überraschte sie mich bei einer unserer Sitzungen. Ich wusste, dass es ihr als überzeugtem Single mit Teilzeitpartnern bisher sehr gut gegangen war, verstand also die Dringlichkeit und den Bedarf nach einer dauerhaften Beziehung nicht ganz.

»Wenn ich einen insgesamt superhohen Z-Faktor haben will, gehört das dazu.«

»Warum?«, fragte ich Erika. Und diese Frage stelle ich jetzt auch Ihnen.

Ist Single sein und Z-Faktor tatsächlich nicht kompatibel? Oder erliegen wir hier wieder einer Volksmeinung, die besagt, zu jedem Topf gehört ein Deckel, sonst ist er nicht dicht? Ich weiß schon, dass sich in den letzten Jahren hier einiges geändert hat, nicht umsonst steigt die Anzahl der Singlehaushalte und damit der Bedarf an überschaubaren Wohneinheiten jährlich an. Nicht alle dieser allein lebenden Menschen sind frustrierte, abgehalfterte Expartner und -partnerinnen. Es gibt viele, die sich aus freien Stücken dafür entscheiden, sich nicht mit zwanzig für die nächsten 60 Jahre einem einzigen Partner auszuliefern. Sind sie deshalb schlechtere Menschen? Keineswegs! Sind sie deshalb unglücklichere Menschen? Nicht unbedingt.

Es kommt immer darauf an, wie sehr jemand imstande ist, auch für sich selbst zu existieren, sich selbst zu genügen und in dieser Unabhängigkeit seine Zufriedenheit zu finden.

Womit ich sagen möchte: Sie dürfen sich erlauben, öffentlich dazu zu stehen, auch als allein lebender Mensch einen hohen Z-Faktor für sich in Anspruch zu nehmen. Lassen Sie sich von niemandem einreden, das ginge nur mit einem kleinen güldenen Ringlein am Finger. Vergessen Sie diese alten Zöpfe, lassen Sie sich nicht stigmatisieren und definieren Sie sich und Ihren Anspruch an Partnerschaft oder Singledasein unabhängig davon, was die Kirche, der Staat oder Ihre ganz persönlichen Einflüsterer davon halten.

Wenn Sie eine dauerhafte Beziehung leben (wollen), tun Sie alles, was Ihr Z-Faktor gestattet, um Sie vital und schön zu halten. Ist Ihre Beziehung nur mehr ein Hort von Einsamkeit und Langeweile und nützen alle Bemühungen nichts mehr, halten Sie diese Beziehung nicht künstlich am Leben. Beenden Sie sie mit Wertschätzung und Würde. Sie werden an Ihrem Z-Faktor erkennen, wie wesentlich dieser Schritt gewesen ist.

Übrigens: Erika hat den Mann von ihrer To-do-List gestrichen. Trotzdem ist er Monate später unerwartet in ihrem Leben aufgetaucht. Seitdem arbeiten sie gemeinsam sehr erfolgreich an ihrem Z-Faktor.

BE-SINNUNGS-FRAGEN

- **Verharren Sie, aus welchen Gründen auch immer, in ungesunden Beziehungsmustern?**
- **Wie können Sie das ändern?**
- **Wie würde sich das auf Ihren Z-Faktor auswirken?**

Mütter – und Väter

Es gibt eine Gruppe, die mir besonders am Herzen liegt und die oft jahrelang mit ihrem und für ihren Z-Faktor kämpft: Mütter. Zum einen die, die ihre Kinder relativ früh in Fremdbetreuung übergeben, und zum anderen jene, die sich dafür entscheiden, für ihre Kinder möglichst lang und ausschließlich da zu sein.

Abhängig davon, wie es unserer Wirtschaft gerade geht, sind mal die einen, mal die anderen die ›Bösen‹. Wie kann man Einjährige schon in einer Krippe abgeben (wenn der Arbeitsmarkt dicht ist)? Wie kann man bloß so lange daheim sitzen und keinen Beitrag zum BIP leisten (wenn die Unternehmer keine akzeptablen Mitarbeiter mehr finden)?

Was ist der bessere Weg? Wissen Sie, was meine Antwort darauf ist? Ich habe keine! Kaum eine Entscheidung im Leben eines Menschen ist so persönlich und zutiefst privat wie die einer Mutter. Und deshalb gibt es hier kein Richtig und kein Falsch. Beide Entscheidungen sind zu akzeptieren und es steht keinem Außenstehenden zu, das Verhalten von Frauen in Sachen Kinderbetreuung zu bewerten oder gar zu verurteilen.

Eines aber scheint mir wichtig: Wenn ich mich als Mutter fürs Daheimbleiben entscheide, ist Neid auf andere Frauen, die sich in dieser Zeit beruflich weiterentwickeln, unangebracht. Wenn ich mich entscheide, frühzeitig arbeiten zu gehen, ist Neid auf Frauen, die ihre Zeit mit den Kindern verbringen, ebenso unangebracht.

Auch hier geht es wieder einmal um eine Entscheidung, für die jede Frau die Verantwortung selbst übernehmen muss. Leben Sie die eine oder die andere Variante, solange diese Wahl Ihren Z-Faktor hochhält.

Sie finden diese Empfehlung anmaßend, gibt es doch auch Frauen, die nicht wählen können, die arbeiten gehen müssen, um sich – vielleicht sogar noch erschwert durch Alleinerzieherverantwortlichkeit – über Wasser zu halten? Diesen Frauen wird die Wahlmöglichkeit abgenommen, damit haben Sie recht. Die Frage ist nur, was bringt es mir und meinem Kind, wenn ich mich ständig gegen dieses wirklich nicht einfache Leben auflehne und mich der Unzufriedenheit mit meiner persönlichen Situation ausliefere? Was lernt mein Kind durch meine Opferhaltung? Welches Lebensbild, welches Frauenbild vermittle ich ihm? Was richte ich in meinem Kind an, wenn es mich nur noch missmutig, frustriert und verzweifelt erlebt? Wenn Sie Ihren Z-Faktor schon nicht für sich verbessern wollen, vielleicht stellen Sie sich der Aufgabe aus Liebe zu Ihrem Kind?

Und an meine Herren Leser: Auch wenn die Zahl der ihre Kleinkinder betreuenden Männer noch sehr überschaubar ist: Haben Sie den Mut, sich dazu zu bekennen, dass es Ihnen wichtig ist, Ihren Kindern mehr zu sein als eine Wochenenderscheinung. Männer, die mir von ihrer Elternzeit mit ihren Kindern erzählten, waren allesamt begeistert von dieser Erfahrung: »Zeit mit dem Kind, die mir niemand nehmen kann«, »Ich hätte ohne Elternzeit niemals eine so enge Bindung herstellen können«, »Mache ich beim nächsten Kind in jedem Fall wieder«, »Das fehlende Einkommen wurde in dieser Zeit tausendfach abgegolten«. Aber auch: »Jetzt verstehe ich meine Frau viel besser«, »Ordentlich anstrengend, diese Rund-um-die-Uhr-Verantwortung«, »Ich begreife nicht, wie man diese Zeit früher ›Karenz-Urlaub‹ (in Österreich) nennen konnte.« Bitte: Wenn Sie darüber nachdenken, sich nach der Geburt Ihres Kindes in Elternzeit zu begeben, hören Sie in sich hinein und weniger auf andere, die Sie vor Karriereeinbrüchen warnen, Ihre Männlichkeit und Ihre Dominanz infrage stellen. Wenn Sie spüren, dass das Beisammensein mit Ihrem Kind Ihren Z-Faktor erhöht, machen Sie es ohne den Hauch eines schlechten Gewissens. Es wird – wie Andi, Vater von Zwillingen, der sechs Monate bei seinen Kindern geblieben ist, meinte – »die geilste Erfahrung meines Lebens« werden.

BE-SINNUNGS-FRAGE

- **Was verbinden Sie mit Ihrer Rolle als (werdende) Mutter und (werdender) Vater in Zusammenhang mit dem Z-Faktor?**

Menschen, mit denen wir uns umgeben

Dazu passt eine ergänzende Überlegung zu Ihrer Freizeitgestaltung, die großen Einfluss auf den Ihren Z-Faktor bestimmenden Wert sG – soziale Geborgenheit – hat: Freunde. Mit welchen Menschen umgeben Sie sich gerne? Mit Ja-Sagern, mit kritischen Geistern, mit Problemmachern, mit vermeintlichen oder mit wirklichen Freunden? Mit wem reden Sie, tauschen Sie sich aus, gleichen Sie Erfahrungen ab, vom wem lernen Sie? Die vermeintlichen Freunde sind jedenfalls die Bequemeren, sie werden Sie niemals infrage stellen, Ihnen gern nach dem Mund reden, sich möglichst oft einen Vorteil aus Ihrer Freundschaft verschaffen, wenn die Sonne scheint, mit Ihnen feiern, und wenn es zu regnen beginnt, sich ganz rasch irgendwo in Sicherheit bringen. Dienen diese Menschen Ihrer Weiterentwicklung, der Optimierung Ihres Z-Faktors? Nun?

Und was ist mit den anderen? Die Grenzen ziehen, aber keine starren, sondern je nach Bedarf nach beiden Seiten durchlässige, die da sind, nicht nur wenn es tröpfelt, sondern die auch eine echte Sturzflut mit Ihnen gemeinsam durchstehen? Freunde, die sich mit Ihnen ehrlich auseinandersetzen wollen, die interessiert sind an Ihren Gedanken, aber niemals unkritisch zusehen, wie Sie sich in etwas verrennen? Die zu Ihnen halten, auch wenn sie die Letzten sind, die das tun?

BE-SINNUNGS-FRAGEN

- **Wie steht es um den Einfluss dieser Menschen auf Ihre Weiterentwicklung und Ihren Z-Faktor?**
- **Wie können Sie selbst dazu beitragen, im beschriebenen Sinne den Z-Faktor anderer zu verbessern?**

Ehrenamt

Freundschaften dieser besonderen Art ergeben sich oft durch gemeinsame Ehrenämter – die nebenbei bemerkt erwiesenermaßen zu einer höheren Lebenszufriedenheit führen. Welcher Art dieses (unbezahlte) Ehrenamt auch sein mag, bezeichnend ist, dass sich hier Menschen zusammenfinden, die sich einbringen, die der Gesellschaft etwas zurückgeben. Diese Lebenshaltung vereint. Abgesehen davon, dass diese Menschen dadurch Lebenssinn für sich generieren: Ehrenämter kommen auch ihrer Karriere zugute. Studenten, die Freiwilligenarbeit leisten, kommen zum Beispiel schneller in Führungspositionen, wie in einer Diplomarbeit an der Wirtschaftsuniversität Wien festgestellt wurde. Sie gelten nämlich als leistungs- und führungsmotivierter. So gesehen haben Ehrenämter nicht nur mit sozialer, sondern auch mit wirtschaftlicher Geborgenheit zu tun.

BE-SINNUNGS-FRAGE

- **Gibt es in Ihrem Leben Platz für ein Ehrenamt?**

Die Suche nach dem Sinn

Wenn ich in Gruppen mit meinen Teilnehmern über den Z-Faktor diskutiere, kommen wir immer wieder auch auf Spiritualität zu sprechen, auf den Glauben als Kraftquelle, auf Aussteiger und alternative Lebenskonzepte. So sehr diese Diskussionsrunden auch anregend für jeden einzelnen Teilnehmer sind, so rasch wird klar, dass auf Fragen in Sachen Sinnsuche keine gemeinsamen Antworten gefunden werden können. Jeder Mensch ist für sich ein eigener Kosmos mit völlig individuellen Bedürfnissen, Wünschen, Vorstellungen, Werten, Ängsten.

Zufriedenheit ist eine höchst individuelle Angelegenheit, weshalb ich diese Runden immer mit einer Einzelarbeit abschließe, die ich auch Ihnen empfehle:

VIER KURZE, SIMPLE FRAGEN

- **Was ist mir selbst wirklich, wirklich wichtig?**
- **Warum ist mir das so unendlich wichtig?**
- **Was spüre ich, wenn ich daran denke?**
- **Was geschieht mit mir, wenn ich dieses wirklich, wirklich Wichtige nicht leben kann?**

Niemals habe ich hier Antworten bekommen, die sich auf Besitztümer bezogen. Ohne Sie beeinflussen zu wollen, es ging meistens um die Verwirklichung von Zielen, ein authentisches Leben, persönliche Weiterentwicklung und Freiheit, Gesundheit und Zufriedenheit (völlig individuell definiert).

Wenn Sie nun noch immer meinen, dass ein Mehr an Haben automatisch ein mehr an Zufriedenheit begründet, lassen Sie an meiner Stelle den Investmentbanker Hans Hermann Münchmeyer antworten, der für die Zeitschrift brand eins (01/05) von Harald Willenbrock zum Thema ›Haben und Sein‹ interviewt wurde: »Je mehr ich habe, desto mehr habe ich zu wenig.«

Wenn Sie sich im Klaren darüber sind, was Ihnen wirklich, wirklich wichtig ist, ist der nächste Schritt, zu überlegen, wie Sie dorthin kommen. Sie brauchen ein Navigationssystem. Zunächst aber die Frage: Was hat Sie bisher daran gehindert, dieses für Sie so unendlich Wichtige zu leben? Warum haben Sie bisher nichts dafür getan? Die Gründe zu erforschen, kann spannende Einsichten in – da sind sie schon wieder – die eigenen Glaubenssätze bringen:

- **Weil Sie keine Zeit dafür hatten. – Falsch! – Weil Sie sich dafür keine Zeit genommen haben.**
- **Weil Sie sich das nicht leisten konnten – offensichtlich hatten Sie nicht den Mut, Rückschritte in Kauf zu nehmen.**
- **Weil nicht absehbar war, wie Nachbarn, Kollegen etc. über Sie reden würden – Angepasstheit zum Preis der Aufgabe von Zufriedenheit? Großartige Strategie.**
- **Weil Sie einfach nicht können. – Irrtum. – Sie leben nur den uralten Glaubenssatz »Ich bin zu . . .«.**

Finden Sie nun Ihre eigenen Erklärungen und dann hinterfragen Sie jede einzelne auf die dahinterliegenden Glaubenssätze. Was rumort da noch immer in Ihrem Hirn und hält Sie davon ab, sich zu erlauben, zufrieden zu sein, wirklich zufrieden?

Be-Sinnen heißt ›mit Sinn‹ füllen. Sowohl die Stunden, in denen wir unseren Lebensunterhalt verdienen, als auch die Zeit, in der wir uns mit den Dingen beschäftigen, für die wir nicht bezahlt werden.

Der Sinn des Lebens ist jedenfalls nicht gemeinschaftlich zu definieren. Was den Job betrifft, gibt es vieles, was vordergründig als sinnlose Tätigkeit gesehen werden könnte. Aber ist sie das wirklich?

Objektiv betrachtet macht Arzt sein Sinn, Lehrer sein macht Sinn, Forscher sehen Sinn in ihrem Tun. Ärzte brennen aus, Lehrer verzweifeln, Forscher geben auf. Sinn als Garant für Zufriedenheit? Nicht, wenn der Sinn von außen zugesprochen wird. Und was ist mit den Jobs, denen Sinnhaftigkeit von vornherein abgesprochen wird, die es in einer Gesellschaft aber zu erfüllen gilt? Nicht jede Tätigkeit wirkt tatsächlich sinnstiftend. Besonders monotone, langweilige Aufgaben, die den Geist nicht übermäßig fordern, wirken für Außenstehende oft völlig sinnlos (außer sie denken darüber nach, dass sie dem Straßenkehrer ihren sauberen Gehsteig verdanken, dem Fließbandarbeiter ihre neuen Türstöcke oder dem Regaleinräumer die Übersicht beim Großeinkauf). Wir können uns nur oft nicht vorstellen, Derartiges tun zu müssen.

Eine meiner Klientinnen, Ivana, vor Jahren aus Ex-Jugoslawien geflüchtet, hat mir ihre erste Zeit in Österreich so geschildert:

»Ich kam aus einer wohlhabenden Familie, war ziemlich verwöhnt, hatte mein Studium eben abgeschlossen und dachte, die Welt stünde mir offen. Dann kam der Krieg und ich musste nach Österreich flüchten. Ich sprach kein Wort Deutsch und landete über Empfehlungen als Schwarzarbeiterin in der Küche eines kleinen, schmierigen Gasthauses. Heute denke ich, es war gut, dass ich nicht verstehen konnte, was mein Chef meinte, wenn er mich täglich anbrüllte. Als er begann, mich zu schlagen, lief ich davon. Ich bekam dann einen Job als Abwäscherin in einem anderen Lokal. Es war für mich kaum auszuhalten, hatte ich doch studiert, ich war gebildet, ich hatte in meinem ganzen Leben noch nie Geschirr spülen müssen. Ich war verzweifelt, aber ich hatte keine Alternative.«

Ivana entpuppte sich dann als herausragende Köchin und schaffte es schrittweise, sich weiterzuentwickeln. Heute führt sie ein eigenes Restaurant, die völlige Sinnlosigkeit und Hilflosigkeit ihrer ersten Berufsjahre hier in Österreich wird sie niemals vergessen, doch sie hat diese Zeit überwunden und sieht heute darin einen Teil ihres Weges, ohne den sie nicht dort wäre, wo sie jetzt ist.

Z

BE-SINNUNGS-FRAGEN

- **Wie gehen Sie für sich mit der Sinnfrage um?**
- **Wie deuten Sie Ereignisse und Entwicklung der Vergangenheit aus heutiger Sicht?**
- **Wie veränderte sich Ihr Verhältnis zum ›Sinn‹ im Laufe Ihres Lebens?**

Rückzug und Auszeiten

Wenn Sie Zeit zum Nachdenken brauchen, gönnen Sie sich einen kleinen Rückzug. Seit Kurzem schwirrt dafür ein neuer Modebegriff durch die Medien: Retreat. Der Begriff kommt aus dem Englischen und steht für Rückzug aus der gewohnten Umgebung, für eine Ruhepause (in einem spirituellen Umfeld, häufig verbunden mit Meditation). Das muss jetzt keine Reise nach Asien oder ein Aufenthalt in einem buddhistischen Kloster sein. Manchmal tut es ein Wald oder eine Wiese, ein Berg, ein See, eine Kirche oder der kleine Park um die Ecke.

Wenn Sie an einer Lebensweiche stehen, kann allerdings auch ein etwas ausgedehnterer Retreat mit seiner Symbolkraft der richtige Schritt sein. Dann könnte ein Klosteraufenthalt durchaus das Richtige für Sie sein. Es werden dort ganz verschiedene Formen von Aufenthalten angeboten. Manchmal geht es einfach nur um Schweigen und Meditation, um Gebete und Gespräche. In anderen Klöstern gibt es die Möglichkeit, sich am klösterlichen Arbeiten zu beteiligen. In jedem Fall steht das einfache Leben und die Reduktion auf das Wesentliche im Vordergrund.

Retreats bedeuten immer totalen Rückzug und Einkehr, von einer Stunde bis zu wenigen Tagen. Sabbaticals hingegen sind längere Auszeiten, die dazu dienen, Abstand zu gewinnen, sich neu zu orientieren, eine Bestandsaufnahme des eigenen Lebens zu machen oder sich ganz einfach lang aufgeschobene Wünsche nach Reisen, Lernen etc. zu erfüllen. Es gibt zahlreiche Modelle für solche Auszeiten, und immer mehr Arbeitgeber unterstützen dieses Bestreben ihrer Mitarbeiter, indem sie ihnen ermöglichen, einen Teil des Gehalts anzusparen, um dann für einige Monate weiterhin das Gehalt aufs Konto zu bekommen, während man auf dem Jakobsweg wandert, eine Weltreise macht oder sich einer längeren Fortbildung widmet.

Längere Auszeiten sind natürlich häufig eine organisatorische Herausforderung, doch sie sind bei entsprechender Vorbereitungszeit lösbar. Ich habe für mein eigenes sechsmonatiges Sabbatical eine Vorbereitungszeit im gleichen Umfang eingeplant. Wenn die Idee einer Auszeit angesichts Ihres daniederliegenden Z-Faktors auftaucht, unterdrücken sie den Gedanken nicht reflexhaft, sondern erlauben Sie sich, über die Erfordernisse nachzudenken und Ihren eigenen Bedürfnissen zu folgen.

Doch es muss nicht immer gleich eine mehrwöchige oder gar mehrmonatige Auszeit sein. Worüber viele Menschen klagen, ist, dass sie kaum je Zeit für sich selbst haben, der Alltag ist komplett durchorganisiert, die vielen Verpflichtungen setzen sich auch in die Freizeit fort und nie findet man Zeit für sich selbst.

Speziell Frauen und Männer mit der Doppelbelastung von Beruf und Familie leiden unter diesem Mangel an Erholung und Rückzugsmöglichkeiten. Hier gilt es, sofort anzusetzen und sich im Alltag Potenziale zu schaffen. Und sich diese Zeiten auch wirklich zu reservieren und als Fixpunkte im Kalender einzutragen. Und sich dann auch daran zu halten und nicht bei der kleinsten Anforderung sofort als Erstes auf diese Zeit mit sich selbst zu verzichten. Vielen erscheint dies egoistisch, das ist es aber nicht.

Z

BE-SINNUNGS-FRAGEN

- **Wer, wenn nicht Sie, sollte sich um Ihr Ich kümmern?**
- **Welche Rückzugsmöglichkeiten können Sie sich bei Bedarf schaffen?**

Vereinfachung des Lebensstils

Sie haben schon vom Simplify-Trend gehört, vielleicht auch das Buch ›Simplify your life‹ von Werner Küstenmacher und Lothar Seiwert gelesen? Werfen Sie zumindest einmal einen Blick auf www.simplify.de.

In einer Trendstudie des ›Zukunftsinstituts‹ zum Thema ›Der Simplify-Trend. Die Revolte gegen das Zuviel‹ (Autoren Andreas Giger, Matthias Horx und Werner Küstenmacher) definiert Horx die ›Neue Bescheidenheit‹ als »eine bewusste, auf die Steigerung von Lebensqualität abzielende Entscheidung zur materiellen Reduktion des Lebensstandards. Verbunden ist dieser Trend mit bestimmten Formen des Ausstiegs: Aus allzu stressig empfundenen Arbeitssituationen. Aus einer über-konsumatorischen Lebensweise.

Ziel ist eine bewusstere, intensivere und sinnhaftere Gestaltung der Lebensumstände.«

Als ich das erste Mal davon hörte, dachte ich, oje, dieser Aufruf nach Enthaltsamkeit wird in unserer besitzgesteuerten Bewertungsgesellschaft nicht gut ankommen. Beim Lesen des Buches begriff ich, dass Simplify nichts mit aufgezwungener Enthaltsamkeit zu tun hat. Anhänger der Simplify-Bewegung reduzieren nicht ihre Bedürfnisse, sondern ihre Wünsche auf das Wesentliche. Simplifying führt in jedem Fall zu einer erhöhten Lebensqualität, die wiederum einen enormen Einfluss auf Ihren Z-Faktor hat. Eine Strategie also, die sich gut mit Ihrer Arbeit am Z-Faktor verbinden lässt.

Viktor, ein Bekannter, der sich über viele Jahre im Baunebengewerbe einen sehr guten Ruf als Lieferant geschaffen hatte, musste sein Unternehmen völlig überraschend insolvent melden. Der Niedergang eines großen Bauträgers hatte ihn mitgerissen. Ich kannte ihn als seriösen, kraftvollen, aber auch immer an der Grenze des Leistbaren arbeitenden Menschen. Als ich von seinem Konkurs hörte, bot ich ihm meine Hilfe an. Ich hatte erwartet, einen wilden Kämpfer zu erleben oder auch einen völlig Gebrochenen. Beides war nicht der Fall.

»Irgendwie bin ich dem Schicksal dankbar, dass es mich so abrupt aus dem Geschäft getreten hat. Ich wäre selbst vermutlich nicht mehr zur Besinnung gekommen.« – Und dann erzählte er mir, wie heilsam er die Notbremse erlebte, nachdem er die Unabänderlichkeit der Situation akzeptiert hatte. »Ich musste mein großes Haus verkaufen, der Mercedes ist weg und ich werde noch ein Weilchen brauchen, um die Bankschulden abzudecken. Aber mein Leben ist einfacher geworden, meine Lebensqualität schon jetzt gehörig gestiegen.« Und, völlig ohne jede Verbitterung: »Ich habe auch keine Angst mehr, irgendetwas zu verlieren.«

Haben Sie schon einmal einen Fesselballon beobachtet? Das mächtige Ding erhebt sich erst dann, wenn genügend Sandsäcke über Bord geworfen wurden. Passiert das nicht, dümpelt der prächtige Ballon knapp über dem Acker dahin und schrammt über jede Scholle.

Manchmal übernimmt das Schicksal die Regie in unserem Leben und zeigt uns, was notwendig im Sinne von Not-wendend ist für uns. Meistens aber wartet es darauf, dass wir selbst entdecken, was ansteht. Ballast abwerfen ist der beste Anfang.

BE-SINNUNGS-FRAGEN

- **Wo könnten Sie vereinfachen?**
- **Wie würde sich das auf Ihren Z-Faktor auswirken?**

Selbstvertrauen

Bei Menschen mit sehr hohem Z-Faktor erkenne ich meist ein gesundes Selbstvertrauen. Man hört oft, dass Selbstvertrauen automatisch mit dem Älterwerden steigt. Das kann ich nicht bestätigen. Es wächst über die Jahre zwar das Selbstbewusstsein, Selbstvertrauen ergibt sich daraus aber noch nicht zwingend. Woran liegt es, dass manche Menschen uns mit viel Selbstvertrauen entgegentreten, andere aber nicht? Es ist die Authentizität, die diese Menschen ausstrahlen. Sie sind, wie sie sind. Sie wollen nicht anders sein. Sie kennen sich und ihre Persönlichkeit, ihre Muster und Werte. Sie wollen von anderen nicht anders gesehen werden, als sie sich selbst sehen. Selbstvertrauen ist also keine Sache des Alters, sondern das Ergebnis einer gelassenen Lebenseinstellung, oft in Verbindung mit überstandenen Lebenskrisen und gut gemeisterten Rückschlägen. Menschen mit einem gesunden Selbstvertrauen kennen ihre Stärken ebenso wie ihre Schwächen. Mit denen sie aber liebevoll umgehen und sich nicht ständig dafür geißeln, was sie nicht können. Menschen mit starkem Selbstvertrauen verharren niemals länger als strategisch notwendig in Jobs, die sie nicht erfüllen. Sie tun sich auch mit Veränderungen leicht, weil sie gewohnt sind, zu ihren Entscheidungen zu stehen und dafür die Konsequenzen zu tragen.

BE-SINNUNGS-FRAGE

- **Was werden Sie aus diesem Buch mitnehmen, um Ihr Selbstvertrauen dauerhaft zu stärken?**

Kapitel 6

Veränderung beginnt jetzt!

Die Lebenszeit

Ein Märchen der Gebrüder Grimm

Als Gott die Welt geschaffen hatte und allen Kreaturen ihre Lebenszeit bestimmen wollte, kam der Esel und fragte: »Herr, wie lange soll ich leben?«

»Dreißig Jahre«, antwortete Gott, »ist dir das recht?«

»Ach, Herr«, erwiderte der Esel, »das ist eine lange Zeit. Bedenke mein mühseliges Dasein: von Morgen bis in die Nacht schwere Lasten tragen, Kornsäcke in die Mühle schleppen, damit andere das Brot essen, mit nichts als mit Schlägen und Fußtritten ermuntert und aufgefrischt zu werden! Erlass mir einen Teil der langen Zeit.«

Da erbarmte sich Gott und schenkte ihm achtzehn Jahre. Der Esel ging getröstet weg und der Hund erschien.

»Wie lange willst du leben?«, sprach Gott zu ihm, »dem Esel sind dreißig Jahre zu viel, du aber wirst damit zufrieden sein.«

»Herr«, antwortete der Hund, »ist das dein Wille? Bedenke, was ich laufen muss, das halten meine Füße so lange nicht aus; und habe ich erst die Stimme zum Bellen verloren und die Zähne zum Beißen, was bleibt mir übrig, als aus einer Ecke in die andere zu laufen und zu knurren?«

Gott sah, dass er recht hatte, und erließ ihm zwölf Jahre. Darauf kam der Affe.

»Du willst wohl gerne dreißig Jahre leben?«, sprach der Herr zu ihm, »du brauchst nicht zu arbeiten wie der Esel und der Hund und bist immer guter Dinge.«

»Ach Herr«, antwortete er, »das sieht so aus, ist aber anders. Wenn's Hirsebrei regnet, habe ich keinen Löffel. Ich soll immer lustige Streiche machen, Gesichter schneiden, damit die Leute lachen, und wenn sie mir einen Apfel reichen und ich beiße hinein, so ist er sauer. Wie oft steckt die Traurigkeit hinter dem Spaß! Dreißig Jahre halte ich das nicht aus.«

Gott war gnädig und schenkte ihm zehn Jahre.

Endlich erschien der Mensch, war freudig, gesund und frisch und bat Gott, ihm seine Zeit zu bestimmen.

»Dreißig Jahre sollst du leben«, sprach der Herr, »ist dir das genug?«

»Welch eine kurze Zeit!«, rief der Mensch, »wenn ich mein Haus gebaut habe und das Feuer auf meinem eigenen Herde brennt. Wenn ich Bäume gepflanzt habe, die blühen und Früchte tragen, und ich meines Lebens froh zu werden gedenke, so soll ich sterben! O Herr, verlängere meine Zeit.«

»Ich will dir die achtzehn Jahre des Esels zulegen«, sagte Gott.

»Das ist nicht genug«, erwiderte der Mensch.

»Du sollst auch die zwölf Jahre des Hundes haben.«

»Immer noch zu wenig.«

»Wohlan«, sagte Gott, »ich will dir noch die zehn Jahre des Affen geben, aber mehr erhältst du nicht.«

Der Mensch ging fort, war aber nicht zufriedengestellt.

Also lebt der Mensch siebzig Jahr. Die ersten dreißig sind seine menschlichen Jahre, die gehen schnell dahin; da ist er gesund, heiter, arbeitet mit Lust und freut sich seines Daseins. Hierauf folgen die achtzehn Jahre des Esels, da wird ihm eine Last nach der andern aufgelegt: er muss das Korn tragen, das andere nährt, und Schläge und Tritte sind der Lohn seiner treuen Dienste. Dann kommen die zwölf Jahre des Hundes, da liegt er in den Ecken, knurrt und hat keine Zähne mehr zum Beißen. Und wenn diese Zeit vorüber ist, so machen die zehn Jahre des Affen den Beschluss. Da ist der Mensch schwachköpfig und närrisch, treibt alberne Dinge und wird ein Spott der Kinder. *(Quelle: Wikisource)*

Betrachten Sie das Maßband, das Sie im Rahmen des ersten Kapitels Ihrer verbleibenden Lebenszeit angepasst hatten. In welcher Phase befinden Sie sich? Ich vermute, irgendwo zwischen Esel und Hund. Und wieder stehen wir vor einer Entscheidung: Sie können dem Märchen entsprechend auch in Zukunft Lasten schleppen, sich prügeln lassen, knurren und drohen. Oder Sie widerlegen diese alte Geschichte, lassen andere Esel, Hund und später Affe spielen und arbeiten ab heute aktiv an der Optimierung Ihres Z-Faktors.

Mercedes wirbt für sein CLC Sportcoupé mit der Frage: »Welches Auto fahren Sie, wenn Sie träumen?« Ich wüsste von Ihnen gerne:

- ***Welches Leben leben Sie, wenn Sie träumen?***
- ***Und was hat Sie bisher daran gehindert, dieses Traumleben zu verwirklichen?***

Die einzig akzeptable Antwort auf die zweite Frage wäre: »Ich«. Hätte ich Ihnen diese Antwort am Anfang dieses Buches vorgeschlagen, Sie hätten vielleicht verständnislos den Kopf geschüttelt. Nun zum Ende dieses Buches hin rechne ich fix damit, dass Sie diese Aussage richtig verstehen.

Es ist ein Faktum: Solange Sie die Erzeugung Ihrer Zufriedenheit an andere delegieren, an Ihren Arbeitgeber, Ihre Kollegen, Ihren Partner, wird sich nichts, absolut nichts an Ihrem Z-Faktor ändern. Einzig Sie können am Rädchen Ihres Z-Faktors drehen. Also übernehmen Sie dafür endlich Verantwortung.

Visionen statt Halluzinationen

Keine Angst vor Entscheidungen und vor Veränderungen, wenn Ihnen Ihre Zukunft wichtig ist! Eva, eine (ehemalige) Universitätsprofessorin, hat mir ihre persönlichen Erfahrungen mit Entscheidung und Veränderung so beschrieben: »Ich unterrichtete schon viele Jahre und war nicht mehr wirklich zufrieden mit meinem Job und deshalb auch reichlich ausgepowert, als ich eingeladen wurde, zu meinem Fachthema ein Buch zu schreiben. Zuerst dachte ich, das schaffst du nie. Neben einem Fulltimejob und einer gewissen Berufsmüdigkeit auch noch ein Buch erarbeiten, wie soll das klappen?

Andererseits erlaubte es mir mein Ego damals nicht, einfach abzusagen. Ich überlegte, was das Schlimmste wäre, das passieren könnte, wenn alles schiefginge: Ich könnte nicht sagen, ein Buch geschrieben zu haben – aber das konnte ich jetzt auch nicht von mir behaupten. Dann stellte ich mir die uralte und doch so gültige Frage, die Dale Carnegie, der Urvater aller Personaltrainings, sich zu Beginn seiner Karriere gestellt hatte: ›Habe ich mir das Recht erworben, über dieses Thema zu schreiben?‹ Die Antwort war: ›Und ob!‹ Somit hatte ich meine Entscheidung getroffen.

Da ich damals in einer großen, aber auch sehr lauten Wohnung mitten in Wien lebte, zog ich mich ein halbes Jahr lang jede Woche Freitag bis Sonntag in das ehemalige Elternhaus meiner Mutter in Oberösterreich zurück. Eine kurz vor dem Zusammenbruch stehende Kleinhäuslerbleibe, eingebettet zwischen Wiesen und Wäldern. Ich, die überzeugte Großstädterin!

Und dann geschah etwas Sonderbares. Ich lernte in dieser Abgeschiedenheit und Einfachheit ein Lebensgefühl kennen, das mir bis dahin völlig fremd gewesen war: Absolute Zufriedenheit. Zum einen machte mir das Schreiben unerwartet große Freude, zum anderen war es die Ruhe der Umgebung, die Zeit des Schweigens, der Frieden bei Waldspaziergängen, ein gutes Gespräch beim Dorfwirten.

Diese Welt hatte ich vorher nicht gekannt und hätte mir jemand davon erzählt, ich schwöre, ich hätte gesagt: ›Das ist nichts für mich, ich brauche das pulsierende Leben um mich herum.‹

Mit jedem Wochenende, das ich in Oberösterreich verbrachte, wuchs die Sehnsucht, dieses Gefühl der Zufriedenheit auch zwischen Montag und Donnerstag zu erleben, und ich begann zu träumen. Aus dem Träumen wurde eine Vision und irgendwann stand ich vor der entscheidenden Frage: »Und was jetzt? Den Traum aufgeben oder mein bisheriges Leben?« Rein wirtschaftliche Überlegungen sprachen dafür, ganz schnell an die Uni zurückzukehren und die ›restlichen‹ zwanzig Jahre brav das Geld zu verdienen, das ich brauchte, um mir meinen großstädtischen Lebensstandard zu erhalten. Vom Schreiben leben zu können, schien eine völlig absurde Idee. Das war die rationale Ebene. Auf der emotionalen Ebene kam ich mit dieser Variante aber nicht mehr zurecht. Ich hatte richtig ›Blut geleckt‹, mein Drang nach Veränderung und einer Verbesserung meiner Lebenszufriedenheit war nicht mehr zu bremsen.

Wenn mir Zufriedenheit so wichtig war, was war ich bereit dafür zu tun? Es war klar, dass ich meinen Lebensstandard radikal würde ändern müssen. Und dann traf ich die nächste Entscheidung: Zufriedenheit vor Bequemlichkeit. Innerhalb eines halben Jahres hatte ich meine Unterrichtstätigkeit aufgekündigt, meine große Mietwohnung in Wien gegen ein winziges Pachthäuschen im Weinviertel getauscht. Das erste Buch war für Österreich ein ziemlicher Verkaufserfolg gewesen, ich hatte den nächsten Verlagsvertrag in der Tasche. Um finanziell über die Runden zu kommen, gab ich in dem Dorf, in dem ich wohnte, Nachhilfestunden und verbrachte Stunden vor meinem PC, um das nächste Manuskript zu erarbeiten. Mittlerweile sind einige Jahre vergangen, reich bin ich nicht geworden, aber das Maß an Zufriedenheit, das ich durch meine Entscheidung erreicht habe, ist unbezahlbar. Ich habe mich nicht mehr den Gegebenheiten angepasst, ich habe die Gegebenheiten mir angepasst.«

Bei Eva hat alles mit einem Zufall begonnen, der sie in die richtige Richtung gelenkt hat. Dann kam die Vision, die Entscheidung, das Ziel und die Phase der Umsetzung.

Ob Ihr eigenes Vorhaben, Ihren Z-Faktor zu verbessern, aus einem Zufall heraus entstanden ist, aus der Not oder einer schlichten Entscheidung für ein besseres Leben, wie sieht Ihre Vision jetzt aus? Was steht Ihnen zur Verfügung, um sich diesen Traum zu erfüllen? Ich habe kürzlich einen klugen Satz gelesen:

A vision without resources is a hallucination.

Was können Sie einsetzen, damit Ihre Vision keine Halluzination bleibt? Gehen Sie zurück zum Abschnitt, in dem Sie sich mit Ihren Stärken und mit der Frage »Was macht mich zufrieden?« beschäftigt haben. Dann holen Sie sich aus Kapitel drei Ihre Vision und setzen beides zusammen.

MEINE VISION

Ich bin ....

....

(Denken Sie daran: positiv formulieren, keine Negationen, in der Gegenwartsform, mit allen Sinnen wahrnehmbar.)

Und jetzt bekommt diese Vision noch ein Datum verpasst, denn:

Ein Ziel ist immer ein Traum mit Deadline.

Dann stellen Sie zusammen, was Sie bei der Umsetzung Ihrer Vision fördert bzw. was hinderlich sein könnte. Ressourcen sind alle Ihre Stärken, aber natürlich auch ein Bankguthaben, das Ihnen einen Umstieg oder Ausstieg anfangs erleichtern kann. Echte Freunde sind Ressourcen, ein Partner, der vielleicht zeitgleich mit Ihnen an seinem eigenen Z-Faktor arbeitet. Bedenken Sie aber auch mögliche Hindernisse, die meist lebensphasenabhängig sind: berufliche Projekte, aus denen Sie nur sehr schlecht vorzeitig aussteigen könnten, langfristige Mietverträge, hohe Bankschulden, widerspenstige Kinder und Partner, pflegebedürftige Eltern.

RESSOURCEN UND HINDERNISSE

Meine Ressourcen sind: ....

....

Meine Hindernisse sind: ....

....

Im nächsten Schritte überlegen Sie, wie Sie sich Ihre Ressourcen konkret nutzbar machen können, aber auch, wie Sie mit den Hindernissen umgehen. Überprüfen Sie jedes Hindernis darauf, ob es ein Vorwand oder ein echtes Faktum ist. Vorwände streichen Sie sofort, bei Fakten überlegen Sie sich jeweils eine Lösung.

Entscheidungsfindung

Katharina, der ich die Geschichte von Eva erzählt hatte, reagierte etwas panisch, als ich sie darauf aufmerksam machte, dass sie die Entscheidung bezüglich ihres Jobs nun schon lang genug vor sich hergeschoben hatte: »Ich bin mir noch immer nicht sicher, ob ich kündigen soll. Was, wenn sich dann herausstellt, dass die Entscheidung falsch war? Dass ich in einem anderen Job auch nicht zufriedener sein werde?« Ich bat sie, zur Entscheidungsfindung folgenden Fragebogen auszufüllen:

Z

	ja	nein
1. Ich habe mir diesen Job nicht selbst ausgesucht.		
2. Ich würde mich nicht mehr für diese Firma entscheiden.		
3. Ich denke öfter daran, alles hinzuschmeißen.		
4. Meine Tätigkeit ist sehr eintönig.		
5. Ich verstehe mich mit meinen Kollegen nicht gut.		
6. Mein Chef schätzt meine Leistungen nicht.		
7. Weiterbildung hat hier keinen Stellenwert.		
8. Montag früh warte ich schon auf Freitag Abend.		
9. Mit einem fachlichen Problem kann ich zu niemandem gehen.		
10. Eigeninitiative wird bei uns nicht geschätzt.		
11. Ich kann mir nicht vorstellen, hier in Pension zu gehen.		
12. Vor meinem Chef habe ich Angst.		
13. Ich finde, dass ich unterbezahlt bin.		
14. Ich komme nicht mehr dazu, meine Mehr- und Überstunden abzubauen.		
15. Mitarbeitergespräche oder Feedback gibt es bei uns nicht.		
16. Keiner interessiert sich hier für den anderen.		
17. Ich habe hier keine Aufstiegsmöglichkeiten.		

	ja	nein
18. Richtig lebe ich nur nach Feierabend.		
19. Ich bin regelmäßig krank.		
20. Diesen Job mache ich nur, weil ich Geld verdienen muss.		
21. Beziehungen zählen in meiner Firma mehr als Leistung.		
22. Ich rede nicht gerne über meinen Job.		
23. Bei uns herrscht eine hohe Fluktuation.		
24. Niemand interessiert sich dafür, was ich alles kann.		
25. Ich erlebe durch Kollegen/Vorgesetzte keine Wertschätzung.		
26. Es gibt in dieser Firma keine Position, die mich noch interessieren würde.		
27. Abends schaue ich, dass ich möglichst schnell aus der Firma verschwinde.		
28. Ich mag meinem Partner nichts mehr über meinen Arbeitstag erzählen.		
29. Ich werde von Kollegen gemobbt.		
30. Ich bekomme viel mehr Arbeit, als ich schaffen kann.		

13 bis 30 Ja-Antworten – Rot = Stopp! – Achtung, dieses Ausmaß an Unzufriedenheit ist gefährlich! Entweder Sie versuchen, Ihre Arbeitsbedingungen durch Gespräche mit Vorgesetzten und Kollegen (wenn es einen Betriebsrat gibt, kann auch der eine gute Anlaufstelle sein) sofort zu verändern. Oder, wenn dies nicht möglich ist, weil Ihnen schon die Kraft fehlt oder es die Unternehmenskultur nicht zulässt, offen über Bedürfnisse und Erwartungen zu sprechen, beginnen Sie sofort mit der Suche nach einem für Sie besser geeigneten Job. Ob Sie sich für Veränderungen, intern oder in einem anderen Unternehmen entscheiden, erarbeiten Sie anhand der Übungen in Kapitel 4. Kündigen Sie aber keinesfalls spontan, ohne zu wissen, wie es weitergeht! Es muss sich dringend etwas in Ihrem Leben ändern. Die Frage ist nur, wer wird schneller sein, Sie oder das Schicksal?

6 bis 12 Ja-Antworten – Gelb = Achtung! – Sie bewegen sich mit Ihrer Berufszufriedenheit im Durchschnitt. Die Gefahr einer inneren Kündigung ist groß. Nehmen Sie die einzelnen für Sie unbefriedigenden Punkte näher unter die Lupe und versuchen Sie, einen nach dem anderen zu verbessern. Manchmal wissen Vorgesetzte und Kollegen einfach nicht, welche

Erwartungen Sie an sie haben. Offene, konstruktive Gespräche, wo Sie Lösungsvorschläge liefern, können Abhilfe schaffen. Wenn sich dadurch nichts für Sie verändert, freunden Sie sich mit einem Job- und/oder Unternehmenswechsel an, Ihr Z-Faktor wird anderswo deutlich höher sein.

0 bis 5 Ja-Antworten – Grün = freie Fahrt! – Ihr Z-Faktor im Job ist außerordentlich hoch und Sie sind goldrichtig in diesem Unternehmen. Einen großen Teil davon verdanken Sie Ihrer Einstellung, aber auch Ihr Arbeitgeber scheint zu wissen, welches Umfeld Mitarbeitern geboten werden muss, damit sie sich voll entfalten können. Sie sind so realistisch einzusehen, dass es in jedem Job einige Punkte gibt, die nicht hundertprozentig passen, aber Sie können gut damit umgehen. Wichtig ist, dass die positiven Seiten die eher negativen bei Weitem überwiegen, das ist bei Ihnen der Fall.

Mit der Angst vor der Veränderung umgehen

Objektiv betrachtet waren Sie in Ihrem ganzen Leben noch nie so gut gerüstet, Ihren persönlichen Z-Faktor zu verbessern, wie jetzt.

Vielleicht sollten wir noch das Thema ›Angst‹ streifen? Sie kennen Asterix und Obelix, die bekanntesten Repräsentanten des kleinen gallischen Völkchens, das sich so sehr davor fürchtet, es könnte ihm der Himmel auf den Kopf fallen? Außer Obelix, der sich nur davor fürchtet, es könnten ihm einmal die Wildschweine ausgehen, entwickelt jedes der Stammesmitglieder eine eigene Angstbewältigungsstrategie: Asterix ist ein Zaubertrankjunkie, Methusalix kompensiert seine Angst, indem er sein Alter ignoriert und sich eine völlig unzeitgemäß jugendliche Frau hält. Die wiederum würde, hätten Goscinny und Uderzo ihr dazu die Gelegenheit gegeben, jede Form schönheitschirurgischer Erhaltungsmaßnahmen in Anspruch nehmen. Verleihnix hat permanent Angst, jemand könnte das Alter seiner Fische riechen, und drischt sie jedem, der ihm in die Quere kommt, auf den Kopf. Miraculix fürchtet um den Bestand seiner Zaubermisteln, und Troubadix singt sich zum Leid seiner Kollegen lautstark die Angst aus der Kehle (und wird dafür regelmäßig an Bäumen aufgeknüpft).

Wie gehen Sie mit Angst um? Aber vor allem: Was ängstigt Sie überhaupt? Veränderung? Das ist grundsätzlich akzeptabel. Aber wie soll es eine Wende in Ihrem Leben geben, wenn Sie sich vor Veränderung fürchten? »Es könnte ja noch viel schlimmer kommen.« – Sind Sie sicher?

Was gibt es Schlimmeres, als Jahrzehnte mit einem Z-Faktor, der bestenfalls Lauwarmer-Kamillentee-Qualität hat, durchzuhalten. Sinnfreie Lebenszeit ist das Schlimmste, das einem Menschen passieren kann. Wenn Sie einen Anstoß brauchen, über Sinn in einer wirklich tiefen Dimension nachzudenken, lesen Sie Viktor E. Frankls ›. . . trotzdem Ja zum Leben sagen‹. Wenn Sie dann noch immer meinen, Ihre Situation wäre so schlimm, dass Veränderung nicht mehr möglich sei, ist Ihnen wirklich nicht mehr zu helfen.

Was sind die Auswirkungen, was geschieht bei und mit Menschen, die automatisiert und sinnlos in Richtung Aufbahrungshalle schleichen? Wo bleiben Neugierde, Lust, Fröhlichkeit, Spannung, Befriedigung, Erfüllung? Es kann doch nicht so sein, dass wir alle dies mittlerweile schon als Normalität ansehen. Was ist mit der Sehnsucht? Der Sehnsucht nach all dem, was unser Sein nun mal ausmacht? Viele von uns bewegen sich ein Leben lang im Autopilot-Modus, nur dass nicht sie ihn programmiert haben, sondern . . . Wer ist Ihr persönlicher Programmierer, wer steuert Sie? Wissen Sie, wie aufregend schön es ist, den Autopiloten abzuschalten und die Steuerung seines Lebens wieder selbst in die Hand zu nehmen? Dieser Schritt kann mit Angst verbunden sein. Aber: Der Weg heraus führt oft mitten durch die Angst.

Ich schnappe im Radio einen Textfetzen auf: »Du hast die Kraft einer Löwin, doch du treibst so wie ein Segel im Wind«. Peter Cornelius, der über Trennung singt. Er hat nicht unrecht, oft wissen wir erst dann, wozu wir fähig sind, wenn es ansteht, diese Fähigkeiten auch unter Beweis zu stellen. Lassen Sie sich von Ihrer Angst also nicht blockieren, sondern fragen Sie sich wie Eva:

»Was ist das Schlimmste, das mir passieren kann?«

Schritt für Schritt

Sie müssen Ihr Leben nicht in einem Augenblick völlig umkrempeln. Es muss nicht alles auf einmal oder gleichzeitig geschehen. Die folgenden Tipps werden Ihnen die Umsetzung erleichtern. Mit jedem Schritt, den Sie gehen, werden Sie lebendiger, und es wird nicht lange dauern, bis Sie sich die Frage stellen: »Wie konnte ich es nur so lange mit diesem schwachen Z-Faktor aushalten?«

Das Herunterbrechen eines vermeintlich sehr komplexen Problems schafft immer Erleichterung. Wenn wir erkennen, worum es im Detail konkret geht, und wir uns nicht unter Druck setzen, das ›ganz große‹ Problem in einem auflösen zu müssen, ist die Lust, etwas in Angriff zu nehmen, viel größer, als wenn wir vor scheinbar unlösbaren Herausforderungen stehen: Willi, Ende 30, Elektriker: »Ich bin mit meinem Job völlig unzufrieden.« – »Womit konkret?« – »Mit allem.« – »Was ist alles?« – »Na, einfach der ganze Job, insgesamt passt da nichts mehr.«

Denken Sie, dass es leicht sein würde, Willi einen höheren Z-Faktor zu verpassen? Bestimmt nicht, bevor klar ist, worin seine ›Leiden‹ tatsächlich bestehen.

Was geschieht, wenn Sie zum Arzt gehen und sagen »Ich fühle mich krank, irgendwie tut mir alles weh«?

Ein verantwortungsvoller Arzt wird Ihnen nicht nur eine Packung Schmerztabletten in die Hand drücken, er wird zuerst eine Anamnese machen, also sehr genau hinterfragen und verschiedene Tests mit Ihnen durchführen. Danach gibt es die Diagnose und anschließend seine Therapievorschläge. Die Wahrscheinlichkeit, dass nach dieser Methode ziemlich genau festgestellt werden kann, worunter Sie wirklich leiden, ist relativ hoch.

Willi habe ich aufgefordert, dieses diffuse ›Alles‹ auseinanderzunehmen. Die Aufgabenstellung war, möglichst detailliert zu beschreiben, was und wer an seiner Unzufriedenheit ›Schuld‹ war (zum einfacheren Einstieg in die Auseinandersetzung mit dem Z-Faktor ist es anfangs oft leichter, bei den vertrauten Schuldzuweisungen zu bleiben).

ICH BIN UNZUFRIEDEN MIT

- meinem Einkommen
- meinen Aufgaben
- meinem Arbeitsplatz
- der Unternehmensführung
- meinem direkten Vorgesetzten
- meinen Kollegen
- dem Informationsfluss
- der Klarheit der Ziele
- der Realisierbarkeit meiner Ziele
- den Weiterbildungsmöglichkeiten
- der Fülle an Aufgaben
- dem Zeitdruck bei der Erledigung
- der technischen Ausrüstung, die mir zur Verfügung steht
- den Anfahrtszeiten
- der Arbeitsplatzsicherheit
- der Qualität in der Kantine
- der Raumtemperatur
- meinem Drehsessel
- der Arbeitszeit
- den Kunden
- meinen Gestaltungsmöglichkeiten
- den Lieferanten
- der Qualität unserer Produkte/Dienstleistungen
- dem Zuviel an Verantwortung
- der Eintönigkeit meiner Aufgabe
- ...

Die hier angeführten Auslöser sind die am häufigsten auftretenden. Ergänzen und streichen Sie, bis die Liste zu Ihnen passt.

Wenn Sie herausgefunden haben, wo genau es zwickt, kommt wie üblich eine Priorisierung: Was zwickt am schlimmsten?

Und dann gehen Sie in aller Ruhe einen Punkt nach dem anderen an. Konzentrieren Sie sich jeweils nur auf diesen einen Punkt, alle anderen lassen Sie außer Acht.

Derart aufgedröselt wird die anfangs so unbewältigbar scheinende Verbesserung Ihres Z-Faktors zwar kein Kinderspiel, aber eine für jeden Menschen lösbare Herausforderung.

Führen Sie konsequent das Z-Faktor-Diagramm und akzeptieren Sie, dass Störfeuer zum Leben gehören. Wenn Sie regelmäßig analysieren, was Ihren Z-Faktor an einem bestimmten Tag hat sinken lassen, sind genau diese Rückfälle immer wieder neue Möglichkeiten des Fortschritts. Gewöhnen Sie sich ab jetzt ab, nach Schuldigen zu suchen. Fragen Sie sich stattdessen:

- **»Was ist mein eigener Beitrag zu dieser Situation?«**
- **»Was mache ich nächstes Mal anders?«**

Franz, Küchenplaner in einem Möbelhaus, litt seit Langem unter einem extrem autoritären Abteilungsleiter, der seinen Bereich wie ein Feldherr führte. Er war sich sicher: »Ich leiste keinen Beitrag zum miesen Führungsverhalten meines Chefs.« Vordergründig mag das stimmen.

Franz sprach davon, wie er sich als erwachsener Mann fühlte, wenn er in der Firma wie ein ungezogener Jugendlicher behandelt wurde, angebrüllt, entmündigt, nicht wertgeschätzt. In seinem Leben außerhalb des Möbelhauses hatte er große Verantwortung für seine Familie, er baute ein Haus, unterschrieb Verträge, tätigte größere und kleine Anschaffungen, verhandelte mit den Banken, sorgte für sein Alter vor. Er wollte auch in der Firma als ernst zu nehmender Erwachsener behandelt werden. Als Franz begriff, dass auch das ›Aussitzen‹ belastender Situationen eine Art Beitrag darstellt, lief es bald besser für ihn. Er bat seinen Vorgesetzten mehrmals um ein Gespräch und erkannte während dieser Unterhaltungen, dass sein Vorgesetzter auch ein Angstgetriebener war, dem die Umsatzzahlen im Nacken saßen und der sich über sein Führungsverhalten noch nie Gedanken gemacht hatte.

Franz erzählte mir, dass er völlig überrascht war von der Reaktion seines Vorgesetzten. Nie im Leben hätte er erwartet, auf Verständnis zu stoßen, weswegen er es gar nicht erst versucht hatte. Franz setzte eine

Veränderung in Gang, die nicht nur seinen Z-Faktor, sondern auch den seines Vorgesetzten und seiner Kollegen gehörig nach oben hievte.

Der Erfolgsbericht

Ein Tagebuch, oder besser noch ein Erfolgstagebuch, ist eine gute Möglichkeit, seine Entwicklung bewusster mitzuerleben. Es gibt Menschen, die gerne schreiben. Was wir zu Papier bringen, nimmt sozusagen Gestalt an. Wir transformieren abstrakte Gedanken in Physisches, in Lesbares, wodurch diese Gedanken an Gewicht gewinnen und ihre Flüchtigkeit verlieren.

Wenn Ihnen Schreiben nicht liegt, eine andere Möglichkeit: Besorgen Sie sich ein kleines Aufnahmegerät und machen Sie aus Ihren Erfolgen ein Hörbuch.

Abgesehen vom gegenwärtigen Nutzen eines Erfolgstagebuches, was meinen Sie, würden Ihre Kinder oder Enkelkinder dazu sagen, könnten sie Jahre später mitverfolgen, wie Mutter, Vater, Großmutter oder Großvater bewusst mehr Zufriedenheit in ihr Leben gebracht haben? Meinen Sie nicht auch, dass das neben einer beachtlichen Vorbildwirkung auch sehr spannende Einblicke in Ihr Leben gewähren würden. Eine Art Vermächtnis vielleicht?

Ein anderes Instrumentarium, um seinen Fokus auf Entwicklung und Zufriedenheit zu lenken: Vereinbaren Sie mit Ihrem Partner oder einem lieben Freund einen täglichen Kurzbericht darüber, was Sie am jeweiligen Tag getan haben, um Ihren Z-Faktor zu verbessern. Dafür reichen wenige Minuten, beisammen sitzend, am Telefon, in einem Chatroom oder per Mail oder SMS.

Finden Sie die Methode, die Ihnen am meisten liegt. Liefern Sie Ihren Erfolgsbericht täglich ab! Auch wenn Sie meinen, der Tag hätte insgesamt keinen Z-Faktor-Erfolg gebracht, es wird immer etwas geben und sei es noch so unbedeutend. Wenn Sie die Sache ernst nehmen, werden Sie etwas getan oder erlebt haben, das Ihren Z-Faktor positiv beeinflusst. Sie müssen dafür nur ein wenig sensibler werden.

Gemeinsam ist man stärker

Oder wie wäre es mit der Gründung eines Z-Faktor-Erfolgsteams, eines Clubs der Zufriedenen? Das kann eine informelle Runde sein oder auch den Charakter eines Vereins haben, wo sie einander regelmäßig treffen und über ihre Erfolge berichten. Wo Sie einander auffangen, wenn es mal eine schwierigere Phase gibt. Sie haben wahrscheinlich schon von den Weight Watchers gehört oder den Anonymen Alkoholikern. Weshalb sind diese Runden so erfolgreich? Weil mehrere Menschen sich mit dem gleichen Problem beschäftigen. Weil der Schwächere sieht, dass es auch andere gibt, bei denen nicht alles so rund läuft. Weil Stärkere als Vorbilder wirken, wenn sie darüber erzählen, dass es auch ihnen gelegentlich nicht so gut geht. Zusammenhalt durch ein gemeinsames Ziel: Wir optimieren unseren Z-Faktor.

Professionelle Begleitung

Sich einen persönlichen Coach zu leisten, ist finanziell nicht für jeden machbar, auch wenn es natürlich die optimale Begleitungsform ist. Wenn Sie für sich einen Coach suchen, führen Sie mit einigen von uns Gespräche und entscheiden Sie dann, mit wem Sie am besten (arbeiten) können. Erwarten Sie von Ihrem Coach aber keine Antworten, er ist dafür da, Ihnen auf dem Weg zu einem höheren Z-Faktor die Fragen zu stellen, die zu stellen Ihnen gar nicht in den Sinn gekommen wäre.

Ein seriöser Coach wird Ihnen nicht sagen können, ob Sie beide einander zweimal oder achtmal werden treffen müssen. Einer, der Ihnen gleich zu Beginn zehn Coachingstunden im Paket verkaufen möchte, ist deshalb mehr an seinem Umsatz als an Ihrer Entwicklung interessiert. Ich treffe mich mit meinen Klienten alle zwei bis drei Wochen auf eine Doppelstunde. Dieses Setting ist meiner Erfahrung nach am effektivsten, weil es ausreichend Zeit bietet, das, was in den Coachingsitzungen in Hinblick auf den Z-Faktor besprochen und vereinbart wurde, auch umzusetzen.

Online-Coaching spricht nicht alle Menschen gleichermaßen an. Wenn Sie aber keine Scheu vor der Technik haben und ein geeignetes Angebot im Internet finden, spricht nichts dagegen, sich per Chat, Internet-Telefonie oder E-Mail coachen zu lassen.

Der Z-Faktor als Teil Ihres Alltags

Es muss Ihnen zur Gewohnheit werden, sich bei allem, was Sie tun, immer zu fragen: Erhöht das jetzt meinen Z-Faktor? Wenn die Antwort ›nein‹ ist, lassen Sie es. Logischerweise gibt es Tätigkeiten, denen wir so nicht begegnen können. Jeder Job verlangt von uns auch die Erfüllung von Aufgaben, die nerven. Die Betonung liegt hier auf ›auch‹. Sobald Ihr Job nur mehr aus solchen Tätigkeiten besteht: Love it, change it or leave it!

Mich nervt besonders das Sortieren und das Zuordnen meiner Spesenbelege. Oder, auf gleichem Z-Faktor-Niveau, ein Berg Bügelwäsche, der auf mich wartet, wenn ich aus dem Büro komme. Aufgaben, die meinem Z-Faktor schaden, aber erledigt werden müssen.

Früher habe ich das alles endlos vor mir her geschoben. Heute denke ich nicht mehr viel nach, sondern fange gleich damit an. Wenn ich damit fertig bin, schnellt mein Z-Faktor augenblicklich in die Höhe. Wenn Sie also Dinge tun müssen, die keinen positiven Einfluss auf Ihren Z-Faktor haben, bedenken Sie, dass die Verschiebetechnik nichts bringt, sondern Sie über den Umweg der Erledigung Ihren Z-Faktor optimieren.

Tun Sie sich jeden Tag bewusst etwas Gutes und kultivieren Sie Ihre Ich-Zeiten. Der Betrag, den Sie für das ›Gute‹ aufwenden müssen, ist völlig unbedeutend. Ein paar leuchtende Blätter Herbstlaub, die Sie im Wald sammeln, haben den gleichen Wert wie ein teures Parfum. Einmal barfuß über eine Wiese im Stadtpark gelaufen ist nicht weniger wert als ein neuer Filofax. Es kommt nicht auf den Preis an, sondern auf den Wert, den dieses ›Gute‹ für Sie hat! Ich-Zeit bedeutet, dass Sie sich täglich ein paar Minuten leisten, in denen Sie einfach nur in sich hineinhören, sich loben, stolz auf sich sind, glücklich, dass es Sie gibt.

Wissen Sie, was auch einen enormen Einfluss auf den eigenen Z-Faktor hat? Wenn Sie selbst täglich etwas tun, das den Z-Faktor eines anderen Menschen verbessert! Fangen Sie in Ihrem engsten Umfeld an, lernen Sie die Menschen um sich herum neu kennen. Wie könnten Sie dazu beitragen, dass auch deren Z-Faktor steigt?

Echtes Interesse am anderen, ein ehrlich gemeintes »Wie geht's?«, eine Aufgabe, die Sie dem anderen abnehmen, weil Sie wissen, sie liegt ihm nicht, ein ganz bewusstes »Danke«, das Einsehen, dass nichts selbstverständlich ist, das dem anderen auch zu sagen. Sie sehen, auch dafür müssen Sie keinen Cent in die Hand nehmen, ein wenig Bewusstsein, Aufmerksamkeit, Interesse am anderen, und schon werden Ihnen viele Kleinigkeiten einfallen, die den Z-Faktor anderer positiv beeinflussen. Vielleicht schaffen Sie es sogar, Ihren Partner, Ihre Kinder, Eltern, Freunde, Kollegen, Vorgesetzten anzustecken. Gemeinsam zufriedener werden – das wär' doch was.

Segeln Sie los!

Lernen Sie segeln! Wenn Sie einmal erlebt haben, wie es sich anfühlt, das Ruder selbst in der Hand zu haben, einen eigenen Kurs zu wählen, gegen alle möglichen Widernisse anzugehen, in eine Marina einzulaufen – dieses Gefühl ist unbeschreiblich und wunderbar in Ihr ›normales Leben‹ zu integrieren.

Es gibt keine stimmigere Analogie für die Macht, die in jedem Einzelnen von uns steckt, sein Leben in die Hand und dafür die Verantwortung zu übernehmen.

(Wetten, dass es gerade dieser Tipp sein wird, den Buchkritiker herauspicken werden, um Ihnen zu beweisen, wie weltfremd meine Thematisierung des Z-Faktors ist? Da es aber jetzt beim Manuskriptschreiben meinen Z-Faktor ungemein erhöht, wenn ich mir die Freiheit nehme, Ihnen auch etwas außergewöhnliche Empfehlungen zu geben, bleibt auch diese drin).

Klein anfangen

Veränderung ist meistens mit Verunsicherung verbunden. Was wir nicht kennen, damit fangen wir nichts an. Bei uns in Österreich gibt's dafür den Ausdruck: »Was der Bauer nicht kennt, frisst er nicht.« Anlässlich der spätsommerlichen Schwammerlsuche kann dies eine zweifellos lebensrettende Haltung sein. Für den Fall, dass Sie sich also überfordert damit fühlen, Ihre bisherige Einstellung und möglicherweise auch Teile Ihres bisherigen Lebens über Bord zu werfen, um Ihren zukünftigen Z-Faktor zu erhöhen, ein Angebot:

Beginnen Sie klein und bescheiden.

Wanda, die als Sekretärin in einer Rechtsanwaltskanzlei überhaupt nicht mehr mit ihrem Job (und ihrem Leben) zufrieden war, steckte bis über beide Ohren in ihrer Angst fest. Da sie mir mit dem kompletten Programm zur Optimierung ihres Z-Faktors heillos überfordert schien, riet ich ihr zur Einführung eines Z-Tages pro Woche, was sie sofort erleichterte und ihr den Einstieg möglich machte.

Sie berichtete mir, dass sie die ersten drei Wochen ganz leicht durchgehalten und sich an ihren wöchentlichen Z-Tagen extrem wohlgefühlt hätte. Diese Erfahrung führte dazu, dass sie sich dieses gute Gefühl auch an anderen Tagen verschaffen wollte. Also gab es ab Woche vier schon zwei Z-Tage, kurze Zeit später drei und so ging das weiter.

Wanda hatte für sich den optimalen Weg gefunden, ihren Z-Faktor schonend und in kleinen Schritten so zu optimieren, dass aus der zuvor mutlosen und frustrierten Frau wieder eine strahlende Persönlichkeit werden konnte.

Also: Erklären Sie zunächst jeweils nur einen Tag der Woche zum Z-Faktor-Tag. Konzentrieren Sie all Ihre Bemühungen ausschließlich auf diesen einen Tag. Die restlichen Wochentage können Sie in Ihre alten Gewohnheiten zurückfallen. Und dann steigern Sie sich Schritt für Schritt – bis Sie sich ein Leben ohne Z-Faktor gar nicht mehr vorstellen können.

Das machen Sie den Rest Ihres Lebens!

Auch wenn die folgende Information für Sie ernüchternd sein mag: Die Arbeit an Ihrem Z-Faktor ist kein abgeschlossenes Programm. Sie werden sich den Rest Ihres Lebens sehr bewusst damit beschäftigen müssen, Ihren hohen Z-Faktor zu erhalten, und es wird Rückschläge geben, Herausforderungen, an denen Sie messen können, wie weit Sie schon sind.

Ich hatte gerade eines dieser Erlebnisse: Der Anruf des Personalentwicklers eines großen Unternehmens, dem die Zufriedenheit seiner Mitarbeiter sehr wichtig war und der deshalb quer durch alle Ebenen Workshops zum Thema Z-Faktor abhalten wollte. Das Volumen hätte 20 Prozent meines Jahresumsatzes betragen, der Vertrag war unter Dach und Fach und ich freute mich auf diesen spannenden Job. Nun gab die Konzernleitung unerwartet bekannt, dass die österreichische Tochter an ein anderes Unternehmen verkauft würde und alle Personalentwicklungsmaßnahmen deshalb zu stoppen wären. Eine Information, die meinen Z-Faktor maßlos nach unten drückte, ein ziemlicher Rückschlag. Logischerweise ärgerte ich mich fürchterlich, überlegte, wie hoch die Abschlagszahlung sein könnte, die ich für den Vertragsbruch verlangen würde, und wünschte die mir unbekannte Konzernleitung zum Teufel. Früher hätte dieses Gefühl einige Tage oder sogar Wochen angehalten. Ich wäre unzufrieden und blockiert durch die Gegend gestampft, hätte nach Schuldigen gesucht und mir die Zeit vermiest. Heute reichen, um mich sofort wieder auf Z-Kurs zu bringen, zwei Fragen:

- **Was ändert mein Gefühl an der Situation?** • **Wem nützt es?**

Nach zehn Minuten ausgiebigen Ärgerns – so viel Zeit sollte man sich und seiner Unzufriedenheit schon gönnen – schnappte ich meinen Hund und lief eine Runde durch den Wald. Unser beider Z-Faktor verbesserte sich augenblicklich und ich fand die Antworten, die ich immer finde:

Z

- **Mein Gefühl ändert absolut nichts an der Situation.**
- **Nützen tut es auch niemandem, ganz im Gegenteil, es schadet mir und meinem Z-Faktor.**

Vielleicht geht es bei Ihrer nächsten Krise nicht um einen ausgefallenen Auftrag, sondern um einen Vorgesetzten, der Ihnen übellaunig etwas auf den Tisch knallt, eine Aufgabe, die Sie langweilt oder überfordert, einen Kollegen, der Sie auflaufen lässt. Was auch immer Ihren Z-Faktor auf die Probe stellt: zwei schlichte Fragen und »alles wird wieder gut«.

Noch ein reales Beispiel, das ich Ihnen gern erzähle: Otto, Projektmanager bei einem Telekommunikationsanbieter, schilderte mir folgendes Problem: »Zum Feierabend und an den Wochenenden schaffe ich es wunderbar, an meinem Z-Faktor zu arbeiten. Ich führe mein Erfolgstagebuch, hinterfrage mich und meine Einstellungen und gönne mir meine Ich-Zeiten. Unter der Woche, tagsüber, ist es aber so unglaublich turbulent, dass ich einfach auf alles vergesse, was ich mir vorgenommen habe. Irgendwie gibt es immer Wichtigeres als meinen Z-Faktor, mit dem Ergebnis, dass wochentags einfach nichts weitergeht.«

Otto ist ein visuell ausgeprägter Mann, der auf optische Reize stark reagiert. »Wie wär's, wenn Sie sich ein großes Z auf die Hand malen, um immer an Ihren Z-Faktor erinnert zu werden?«, schlug ich ihm vor.

»Und damit den Spitznamen Zorro bekomme?«

Das sah ich ein. Es brauchte ein unauffälliges Äquivalent zu »Z«.

»Dann kleben Sie sich ein Pflaster über das Z. Was wir brauchen, ist ein Symbol, von dem Sie wissen, was es bedeutet, und das anderen nicht ins Auge springt.«

Otto versprach mir, es auszuprobieren, und: Es funktionierte wunderbar. Er malte sich täglich ein Z auf seine Hand und klebte ein kleines, unauffälliges Pflaster darüber. Jedes Mal, wenn er auf seine Hand schaute, dachte er an das Z darunter und wurde daran erinnert, auf seinen Z-Faktor zu achten.

> *Manchmal sind es die ganz kleinen,*
> *simplen Dinge,*
> *die so Großes bewirken.*
> *Versuchen Sie es einfach mal.*

Ihr Z-Depot

Legen Sie sich eine kleine Schachtel an, je wertvoller sie aussieht, umso besser. Jedes Mal, wenn Sie etwas erleben, das Sie zufrieden macht, schreiben Sie auf einen Zettel eine kleine Notiz: Worum geht's? Und das Datum. Diese Zettel sammeln Sie in Ihrem Z-Depot. Sie werden erstaunt sein, was da alles zusammenkommt, wenn Sie bewusster auf Erlebnisse und Erfahrungen reagieren, die Ihren Z-Faktor erhöhen.

Wer seine Sensoren dafür ausfährt, wird sich wundern, wie viel Schönes tatsächlich täglich geschieht. Eine freundliche Verkäuferin in der Bäckerei, in der ich mein Frühstück kaufe, eine Kundin, die mir sagt, wie zufrieden sie mit meiner Beratung war, ein Vorgesetzter, der mich fragt, wie es mir geht, Kinderaugen, die mich anleuchten. All das hat Einfluss auf Ihren Z-Faktor, notieren Sie sich diese kleinen Erlebnisse und sammeln Sie Z-Punkte. Und wenn es mal einen Tag gibt, an dem so richtig viel schiefläuft, nehmen Sie Ihr Z-Depot zur Hand und gehen Sie die Zettel durch. Es wird Ihnen die Sicherheit geben, dass Sie den aktuellen ›Bad Z Day‹ überstehen und dass es morgen wieder besser weitergeht.

Sie sollten aber auch in Ihrem Kopf eine Art Z-Depot anlegen, das Sie jederzeit abrufen können. In meinem mentalen Z-Depot sind an erster Stelle meine Kinder ›abgelegt‹, die beiden größten Erfolgserlebnisse meines Lebens, und Harry, mein Mann und Ratgeber. Gedanken an diese wichtigsten Menschen in meinem Leben machen mich ruhig, glücklich und – zufrieden.

Kleine Alltagserinnerungen, die Ihnen Freude bereiten, ein Lied, dessen Melodie Sie berührt, oder Textzeilen. Die Begegnung mit einem Menschen, die Ihnen gutgetan hat, ein Waldspaziergang: Füllen Sie Ihr Z-Depot gewissenhaft und täglich auf und greifen Sie darauf zurück, wenn Sie Hilfe brauchen.

Für Menschen, die weniger visuell als auditiv, also mehr auf Gehörtes reagieren: Laden Sie sich auf Ihren iPod Lieder oder Melodien, die auf Sie eine beruhigende Wirkung haben. Ich habe jede Menge Saxophon-Klänge und Meeresrauschen auf meinem iPod und auf meinem PC. Wenn ich zwischendurch kurz mit meinem Z-Faktor hadere, reichen oft ein paar Minuten und ich komme wieder zur Besinnung. Besonders dann, wenn ich nicht genug Zeit habe, einer anderen Strategie zu folgen, eine Runde im Wald zu drehen, weil ich in einem Training stecke oder über einem Projekt brüte. Eine kurze Pause (notfalls auf der Toilette eines Seminarhotels), ein paar Minuten Meeresrauschen genügen, um mich ganz rasch wieder auf Kurs zu bringen.

Auch das wirkt bei Ihnen nicht? Und Sie schwören, dass Sie es schon versucht haben und nicht nur annehmen, dass es nicht wirkt bei Ihnen? Dann sind Sie möglicherweise ein haptischer, ein kinästhetischer Typ, der mehr auf äußerliche Körperreize reagiert. Ein Ritual, das bei dieser Personengruppe immer wirkt: Gehen Sie duschen! Spülen Sie mit dem Duschgel gleichzeitig alles ab, was Sie belastet, Ihnen nicht guttut. Dieser Rat ist für Berufstätige nicht unbedingt leicht umsetzbar? Weiß ich, deshalb eine Minimalversion für untertags: Wenn Ihnen etwas widerfährt, das Ihren Z-Faktor drosselt, Sie ärgert, verletzt oder kränkt, ziehen Sie sich sofort in den Waschraum zurück und krempeln Sie die Ärmel hoch. Seifen Sie sich die Unterarme ein und streifen Sie unter fließendem Wasser bewusst alles Ärgerliche, Verletzende oder Kränkende ab. Das ist ein Ritual, bei dem es nicht um die banale Tätigkeit des Waschens geht. Es geht um Ihre Haltung und um Ihr Bewusstsein während dieser alltäglichen Tätigkeit. Schließen Sie die Augen und lassen Sie sich in das Gefühl hinein: Ich streife alles Belastende ab, gebe es weg von mir, lasse das Negative los, es belastet mich nicht mehr.

Bevor Sie mir jetzt vorwerfen, ins Esoterische abzugleiten: Rituale begleiten die Menschheit, seit es sie gibt, wir Zivilisationskrüppel haben nur leider verlernt, sie uns bewusst nutzbar zu machen. Vielleicht ist Ihnen danach, sich jetzt zu wehren: »Aber ich habe doch noch Rituale: Ich küsse meinen Partner, schenke meinem Kollegen etwas zu dessen Geburtstag. Ich lese den Kindern Geschichten vor, fahre jedes Jahr in dieselbe kleine Pension in Lignano, putze mir zweimal täglich die Zähne und gehe immer in die Weihnachtsmette.«

Das sind (völlig wirkungslose) Gewohnheiten. Sie können aus jeder dieser Gewohnheiten aber auch wieder ein Ritual machen: Es braucht nur entsprechendes Bewusstsein. Und wenn Sie ab sofort aus dem gewohnten Zähneputzen ein rituelles machen und diese paar Minuten täglich nutzen, um über Ihren Z-Faktor nachzudenken, dann, ja dann haben Sie den Unterschied begriffen.

Schreiben Sie sich einen Brief

Etwas, das fast alle meiner Klienten machen und das mich regelmäßig ins nächste Postamt treibt: Sie schreiben sich selbst Briefe, die in etwa so klingen:

Z

Liebe/lieber ....

vor einem/drei/sechs Monaten hast du dich entschlossen, an deinem Z-Faktor zu arbeiten. Weil du besonders mit .... unzufrieden warst, hast du dir vorgenommen, Folgendes zu tun:

....

....

Du hast dir vorgestellt, dass dein Leben einen/drei/sechs Monate später anders aussieht als zu dem Zeitpunkt, als du diesen Brief geschrieben hast. Besonders wichtig war dir dabei, dass du in einem/drei/sechs Monaten ....
(hier wird der gewünschte Zustand beschrieben) **bist/tust/hast.**

Und heute bist du genau dort, wo du hin wolltest. Dein Z-Faktor ist ordentlich angestiegen. Besonders toll finde ich, dass du auch durchgehalten hast, als es etwas schwieriger war. Du hast dich nicht mehr in dein altes, unzufriedenes Leben zurückziehen lassen.
Und das Allerschönste an der Sache: Es geht immer weiter. Mit jedem Tag, an dem dein Z-Faktor höher ist als früher, gewinnst du die Lebensqualität, die du dir verdient hast. Ich bin so stolz auf dich und ich mag dich!

Liebe Grüße, dein/deine ....

Diese Briefe, die sich meine Z-Arbeiter ziemlich zu Beginn ihrer Auseinandersetzung mit ihrem Z-Faktor schreiben, geben sie mir und ich schicke sie ihnen einen/drei/sechs Monate später zu. Witzig ist, dass sie allesamt darauf vergessen, diesen Brief geschrieben zu haben, und sich wirklich freuen, wenn er unerwartet im Briefkasten liegt.

Wenn Sie möchten, spiele ich auch für Sie den Postillon d'Amour. Schicken Sie mir Ihre Briefe (in einem verschlossenen, adressierten und frankierten Kuvert). Ich verspreche, sie nicht zu lesen und sie Ihnen zum gewünschten Zeitpunkt zurückzuschicken.

Schön ist es, wenn diese Briefe handgeschrieben sind, es liegt einfach mehr Gefühl in der Handschrift eines Menschen als in einem Computerausdruck. Wenn Ihnen diese Technik nicht liegt und Sie Briefe insgesamt für antiquiert halten: Sie können mir Ihren ›Brief‹ auch als Mail-Attachment zukommen lassen, das ich Ihnen zum gewünschten Zeitpunkt ungelesen zurückschicke.

Platz für den Z-Faktor ist immer

»Mein Alltag ist schon jetzt so dicht, wie soll ich das alles noch zusätzlich unterbringen?« Eine Frage, die mir von vielen meiner Klienten gestellt wird. Die Antwort ist ganz einfach: Machen Sie nicht alles, was ich Ihnen hier empfehle. Suchen Sie die für Sie passenden Empfehlungen aus. Arbeit am Z-Faktor darf niemals Stress und Druck bedeuten. Und Sie müssen niemandem etwas beweisen. Hören Sie auf, sich mit anderen zu vergleichen. »Und was ist dann mit dem Erfolgsteam oder dem Club der Zufriedenen?« – Möglicherweise habe ich das nicht verständlich genug beschrieben. Aber diese Runden dienen nicht dem Wettstreit, sie bilden keine Arena, in der Sie stolz Ihren aufpolierten Z-Faktor präsentieren. Sie dienen dazu, dass gleichgesinnte Menschen einander in ihrer Entwicklung begleiten. Z-Arbeit bedeutet nicht, dass Sie sich nun zusätzlich zu all dem, das Sie mehr oder weniger belastet, auch noch den Stress aufladen, möglichst schnell einen möglichst hohen Z-Faktor zu erreichen.

Laden Sie nicht auf, laden Sie ab und integrieren Sie Ihre Z-Arbeit in Ihr Leben: Ihre Ich-Zeit können Sie sich zweimal täglich in der U-Bahn gönnen. Wenn Sie nicht öffentlich unterwegs sind: Jede Rote-Ampel-Phase eignet sich. Seien Sie dankbar für den nächsten Stau: Anstatt wild auf Ihrem Blackberry rumzuhacken, gönnen Sie sich Ihre Ich-Zeit und Sie verlieren keine wichtige Sekunde Ihres vollen Arbeitstages.

Oder ritualisieren Sie Alltägliches. Zähneputzen kann, wie erwähnt, bewusst genossene Ich-Zeit sein. Sie können morgens auch noch ein weiteres Ritual anhängen: Strecken und Dehnen Sie sich genussvoll nach dem Aufstehen und seien Sie jeden Tag wieder dankbar, dass Sie überhaupt die Gelegenheit haben, sich aktiv mit Ihrem Z-Faktor zu beschäftigen. Toten ist diese Chance verwehrt.

Später dann im Bad lächeln Sie sich an und fragen Sie sich: »Wie zufrieden bin ich heute?« und »Wie zufrieden will ich heute sein?«

Das Z-Faktor-Diagramm oder das Erfolgstagebuch machen Sie immer abends. Ich kenne kaum Menschen, die nicht aus Gewohnheit feierabends mehr oder weniger lang vorm Fernseher hängen und sich völlig Sinnlosem aussetzen, nur um ein wenig Ablenkung vom Alltagsleid zu haben. Doch was bringt es Ihnen, zu wissen, dass im Irak wieder eine Bombe hochgegangen ist, ein Wirbelsturm über Kalifornien Häuser abgedeckt hat oder einige Politiker sich wieder öffentlichwirksam in die Haare geraten sind? Ich will Ihnen das Fernsehen nicht vermiesen, wenn Sie nicht ganz davon lassen können, drehen Sie zehn Minuten später auf oder früher ab. Die gewonnene Zeit investieren Sie in Ihren Z-Faktor.

Kurzberichte, die Sie mit einem Freund austauschen, können Sie statt telefonierend, was mehr Zeit braucht, auch per SMS austauschen. Ob Sie Ihrem Partner eine SMS schreiben mit »Was gibt's heute Abend zu essen?« oder rasch eine SMS zu Ihrer aktuellen Z-Arbeit an einen Freund schicken: Der Zeitaufwand ist der gleiche, die Sinnhaftigkeit in Hinblick auf Ihren Z-Faktor eine völlig andere.

Zugegeben, Segeln lernen braucht Zeit. Lassen Sie Ihr Maßband niemals wieder aus den Augen. Es wird Sie daran erinnern, dass wir alle erschreckend vergänglich sind. Der eine ist früher dran, der andere etwas später. Halten Sie sich vor Augen: Jeder Tag mehr mit einem höheren Z-Faktor ist ein Tag weniger mit einem niedrigen Z-Faktor. Es wäre doch schön, am Ende sagen zu können: Ich war ein zufriedener Mensch.

Der globale Z-Faktor

Lassen Sie uns zum Abschluss noch eine Vision entwickeln. Was wäre, würden nicht nur Sie, sondern viele Menschen, die Sie kennen, und noch viel mehr, die Sie nicht kennen, Ähnliches tun? Stellen wir uns vor, es gäbe einen weltweiten Wettbewerb darüber, welcher Kontinent die Menschen mit dem höchsten Z-Faktor hat, und Europa ist Sieger. Wie sähe es bei uns aus?

- **Wir lernen von- und aneinander, zufriedenes Anders-Sein wirkt als Ansporn für die eigene Weiterentwicklung.**
- **Gelassenheit bestimmt unsere Gegenwart**
- **Wir leben unsere Zeit, anstatt uns von der Zeit leben zu lassen.**
- **Der Neid ist ausgestorben. Keiner missgönnt dem anderen sein Haben.**
- **Wir definieren uns über den Grad unseres Z-Faktors. Wichtig ist nicht der isolierte Berufserfolg, sondern die gesamte Lebenszufriedenheit.**
- **Der Druck , leisten zu müssen, ist dem Sog, leisten zu wollen, gewichen.**
- **Beziehungen werden wieder zu Partnerschaften.**
- **Ärzte und Therapeuten, die auf psychosomatische Auffälligkeiten spezialisiert waren, sind nach Amerika ausgewandert.**
- **Die suchenden Jungen akzeptieren den Vorsprung der weisen Alten, die ihre Werte und ihre Erfahrungen gerne an die Jungen weitergeben.**
- **Lebenszufriedenheit hat als Kennzahl die Bedeutung von Titel, Einkommen und Besitz abgelöst.**
- **Wir verdrängen einander nicht mehr in kräftezehrenden Konkurrenzkämpfen, wir schließen uns zusammen, nutzen gemeinschaftlich das Potenzial des Einzelnen und feiern unsere Erfolge im Kollektiv.**

- Wir müssen nicht mehr, wir wollen – WOW!
- Unternehmer suchen nicht mehr nach karrieregeilen Ellbogentaktikern oder willenlosen Zeitabsitzern, sondern nach Menschen, die wirklich, wirklich wollen, wofür sie bezahlt werden.
- Quantität steht bei uns vor Qualität. Es geht nicht mehr ständig um ein ›Mehr‹, uns geht es um ein ›Besser‹.
- Wir wissen, dass das Zentrum der Macht in uns selbst liegt. Einflüsterer, die sich uns zunutze machen wollen, haben keine Chance mehr auf Erfolg.
- Das Berufsbild des Politikers hat sich grundlegend geändert.
- Sich selbst und sich ihrer Bedürfnisse bewusste Menschen sitzen in allen Ebenen und achten Menschen, die ebenso denken.
- Weil wir alle von Mangel- zu Ressourcendenkern geworden sind, bringen wir Erstaunliches zustande und haben eine Riesenfreude daran.
- Wir wählen das Beste, nicht das Lauteste.
- Externe Bedürfnisbefriediger sind ausgestorben, keiner braucht sie mehr. Seit jeder von uns für sich selbst sorgt, ist bestens für alle gesorgt.
- »Alles kann sich zum Besseren verändern, wenn jeder von uns sich verändert«, steht an erster Stelle unserer neuen Verfassung.
- Da wir erkannt haben, dass unsere Wirklichkeit nur der Spiegel unserer Erwartungen ist, gehen wir sehr sensibel mit unseren Erwartungen an andere um.
- Wir alle wissen, dass ›Brauchen‹ Last schafft, ›Wollen‹ hingegen Lust, und wir haben ein feines Gespür für den Unterschied entwickelt.
- Millionen von vermeintlichen Opfern haben Millionen von vermeintlichen Tätern aus der Schuld entlassen und selbst Verantwortung für ihr Leben übernommen.
- Unser Sinnhunger wird täglich gestillt, wir haben (Zu)FRIEDEN(heit) gefunden.

Zum Abschluss
I did it my way

And now, the end is near;
And so I face the final curtain.
My friend, I'll say it clear,
I'll state my case, of which I'm certain.
I've lived a life that's full.
I've travelled each and every highway;
And more, much more than this, I
did it my way.
(Text: Paul Anka)

Wenn dieses Buch Sie dazu gebracht hat, zu sagen: »Gut, das leuchtet mir ein, aber schau'n ma mal, ob das auch bei mir klappt«, dann, werte Leserin, werter Leser, ist es besser, Sie vergessen das Ganze möglichst rasch und akzeptieren Ihre eigene Unzufriedenheit als unabänderliches Schicksal.

Lassen Sie mich noch mal zurückkommen auf die ›Ausredner‹. Auf die, die gern so viel wollen, sich aber nicht trauen. Die ›Ich darf nicht‹- und ›Ich kann doch nicht‹-Typen. Die gerade noch genug Mut für einen kleinen Flirt mit der Veränderung aufbringen, für das Einlassen, die große Liebe aber fehlt ihnen der Mumm oder die Bereitschaft, Verantwortung für ihr Leben zu übernehmen.

Sie kennen den typischen Hättiwari? Barbara Hufnagl, die Tochter Herbert Hufnagls, dem wir diese herrliche Wortkreation verdanken, hat mir erzählt, wie diese Figur in die Welt kam: Als Vorlage diente Herbert Hufnagl der Rennfahrer Gerhard Berger, dem er nach seinen zahllosen nicht gewonnenen Formel-1-Rennen und wissend, wie Berger sich üblicherweise erklärte, den Ausspruch »Hätt i net so vü Pech, war i schon Wödmasta« in den Mund legte. Der Hättiwari war geboren und ist seitdem das Pseudonym für alle, die immer Ausreden für ihr eigenes Scheitern finden – und somit jegliche Verantwortung abgeben.

»Verantwortung ist eine abnehmbare Last, die sich leicht Gott, dem Schicksal, dem Zufall oder dem Nächsten aufbürden lässt«, wie Ambrose Bierce mit einem Augenzwinkern feststellte. Wem aber kann ich Eigenverantwortung übertragen? Da hilft mir nicht mal mehr der liebe Gott. »Die muss ich wohl oder übel selbst übernehmen«, seufzt der Lastenträger. »Die darf ich voll und ganz selbst übernehmen«, freut sich der Würdenträger. Der, der sich für würdig befindet, zufrieden sein zu dürfen. Der die Wahlmöglichkeit erkennt und sagt: »Ich darf« und »Ich kann« und der allen tragischen Ereignissen mit einem Optimismus begegnet, dass es nur so rauscht im Wald der befreundeten Trauerweiden.

Raus aus der Opferhaltung, Sie dürfen zufrieden sein, Sie dürfen glücklich sein, Sie dürfen nach den Sternen greifen. Sie haben Macht, eine unvorstellbare Macht, die Ihnen niemand nehmen kann: die Macht über Ihre Gedanken. Spielen Sie sie aus!

Vergessen Sie niemals:
Der einzige Mensch auf dieser Welt, der Ihren Z-Faktor wirklich beeinflussen kann, sind Sie!

In diesem Sinne:
»Wer nicht zufrieden sein will, muss seine Unzufriedenheit ertragen.«
(Ernst Ferstl)

Sie haben die Wahl: So oder so.
Liebe Grüße und werden Sie zufrieden!

Ihre

Elfriede Gerdenits

PS: Ich freue mich über Berichte von Menschen, die erfolgreich an ihrem Z-Faktor gearbeitet haben. Wenn Sie mir schreiben wollen: z@gerdenits.at
www.zufriedenheitscoach.de | www.zufriedenheitscoach.at

Literaturverzeichnis

- Bergmann, Frithjof: Neue Arbeit, neue Kultur: Ein Manifest. Arbor-Verlag 2004.
- Bergmann, Frithjof; Friedland, Stella: Neue Arbeit kompakt: Vision einer selbstbestimmten Gesellschaft. Arbor-Verlag 2007.
- Burisch, Matthias: Das Burnout-Syndrom. Theorie der inneren Erschöpfung. Springer 2005.
- Carnegie, Dale: Sorge dich nicht – lebe! Fischer 2003.
- Frankl, Viktor E: »... trotzdem Ja zum Leben sagen«. dtv 1998.
- Gerdenits, Elfriede: Wie komme ich zu meinem Wunschjob? 101 Antworten zu Stellensuche, Bewerbung und Vorstellungsgespräch. Redline Wirtschaft 2007.
- Greisinger, Manfred: Entfesseltes Ich: Lassen wir los, was uns am Lebendigsein hindert. Edition Stoareich 1999 (vergriffen).
- Heidinger, Günter: Zen-Running: Sport als Lebensphilosophie. Kneipp 2008.
- Johnson, Spencer: Eine Minute für mich. Rowohlt 2002.
- Keicher, Imke; Brühl, Kirsten: Und sie bewegt sich doch. Neue Chancen und Spielregeln für die Arbeitswelt von morgen. Orell Füssli 2008.
- Küstenmacher, Werner Tiki; Seiwert, Lothar J.: Simplify your life. Campus, 16. Auflage 2008 (Taschenbuchausgabe bei Droemer/Knaur 2008).
- Langheiter, Christa: Mut zur Auszeit. Redline Wirtschaft 2006.
- Lobe, Mira; Weigel, Susi (Illustrationen): Das kleine Ich bin Ich. Jungbrunnen-Verlag 32. Auflage 1992.
- Müller, Ellen: Zum Glück gibt es Lachen! Lachyoga, der Weg zur heiteren Gelassenheit. Signum Verlag 2008.
- Sprenger, Reinhard: Das Prinzip Selbstverantwortung. Campus 2007.
- Unger, Hans-Peter; Kleinschmidt, Carola: Bevor der Job krank macht. Wie uns die heutige Arbeitswelt in die seelische Erschöpfung treibt – und was man dagegen tun kann. Kösel 2006.
- Walleczek, Sasha: Die Walleczek-Methode. Ohne Diät zum Wunschgewicht. Ueberreuter 2007.
- Zadrobilek, Gerhard: Ist Erfolg nur Zufall? Eigenverlag 2005.